dtv
premium

Brigitte Röthlein

Die Quantenrevolution

Neue Nachrichten aus der Teilchenphysik

Deutscher Taschenbuch Verlag

Von Brigitte Röthlein
sind im Deutschen Taschenbuch Verlag erschienen:
Sinne, Gedanken, Gefühle. Unser Gehirn wird
entschlüsselt (33081)

In der Reihe *20 Tage im 20. Jahrhundert*:
Mare Tranquillitatis, 20. Juli 1969.
Die wissenschaftlich-technische Revolution (30613)

In der Reihe *Naturwissenschaftliche Einführungen*:
Das Innerste der Dinge (33033)
Schrödingers Katze (33038)

Originalausgabe
Februar 2004
© 2004 Deutscher Taschenbuch Verlag GmbH & Co. KG,
München
www.dtv.de
Umschlagkonzept: Balk & Brumshagen
Umschlagbild: © John K. N. Murphy, Auckland
Redaktion und Satz: Verlagsbüro Lektyre, Olaf Benzinger, Germering
Gesetzt aus der Sabon 11,5/13° und der Univers
Druck und Bindung: Kösel, Kempten
Gedruckt auf säurefreiem, chlorfrei gebleichtem Papier
Printed in Germany · ISBN 3-423-24389-9

Inhalt

Kapitel 1
Überraschungen am Doppelspalt

Die Revolution kam langsam, aber jetzt ist sie da. Mehr als siebzig Jahre lang, seit ihrer Erfindung um 1925, war die Quantenmechanik eine Wissenschaft der Verbote und Einschränkungen. Ihre Hauptregeln hießen: Man kann nicht …, man darf nicht …, es ist verboten … Die gesamte Nomenklatur dieser Theorie ist formuliert als Ansammlung negativer Dogmen: Sie besteht aus »verbotenen Übergängen«, »Ausschlussregeln«, »Unbestimmtheitsrelationen«, »Kollapsen« und »Störungen«.

Zwar haben sich immer wieder Physiker gegen diese Art der Bevormundung aufgelehnt, schon Albert Einstein ganz zu Beginn, später auch große widerspenstige Geister wie Richard Feynman oder Brian Josephson, aber es nützte alles nichts. Das, was sie sich ausdachten oder gar im Experiment bewiesen, galt stets nur als Skurrilität, als Paradoxon, als Rätsel oder Abnormität. Die Monstrosität der Quantenphysik haben sie damit eher gefördert als gemindert.

Nun ist ein neues Zeitalter angebrochen. Die Phase der Angst, der Verbote und Einschränkungen ist vorbei. Nach Jahrzehnten des Staunens, des Zweifels und des Kämpfens gegen die Unbestimmtheit in der Quantenwelt hat nun eine neue Generation von Physikern endlich den Mut gefunden, die skurrilen Gesetze des Allerkleinsten zu akzeptieren und diese nicht *gegen* sondern *für* ihre Zwecke einzusetzen. »Die Einflüsse der Quantenmechanik sehen auf den ersten Blick so aus, als ob es Störungen wären, aber es sind in Wirklichkeit grundlegende Effekte«, betont Gerhard Rempe, einer dieser »jungen Wilden«. Das Entscheidende dabei ist: Die physikalischen Gesetze haben sich nicht geändert, nur der Umgang mit ihnen.

Wie Kinder, denen die Benutzung des Vordereingangs verwehrt wurde und die nun die Schönheiten des Gartens vor der Hintertür entdecken, haben Quantenphysiker inzwischen erkannt, dass jedes Verbot auch eine Chance birgt. So entstand aus der Heisenberg'schen Unschärferelation die Quantenkryptografie, aus der Verschränkung die Teleportation, aus der Überlagerung von Zuständen der Quantencomputer. Es ist eine Revolution im Denken, die heute vor unser aller Augen stattfindet, und sie ist ebenso bahnbrechend wie die Entdeckung der Quanten vor gut hundert Jahren durch Max Planck.

Für den Normalbürger mit gesundem Menschenverstand klingen die Vorgänge in der Quantenwelt ohnehin eher nach Märchen – gut erfunden, nett ausgedacht, sozusagen Gebrüder Grimm fürs 21. Jahrhundert: Teilchen, die sich in Wellen verwandeln und umgekehrt; Partikel, die sich per Telepathie verständigen; Katzen, die gleichzeitig tot und lebendig sind; oder Entscheidungen, die man nachträglich noch ändern kann.

Aber es sind keine Märchen, sondern die Grundlagen unserer modernen Welt. Ohne diese erstaunlichen Phänomene gäbe es heute keinen Computer, keinen Laser, keine Kernspintomografie, ja nicht einmal einen gewöhnlichen Fernseher. Das, was dem gesunden Menschenverstand so unerklärlich und rätselhaft erscheint, hat seine Existenz inzwischen millionenfach in der Praxis bewiesen.

Und obwohl die Beschäftigung damit bisher zur Grundlagenforschung gehört, stehen wesentlich weiter reichende Anwendungen bereits vor der Tür. Manche Forscher glauben, dass das Quantenzeitalter erst noch anbricht.

Wer, so fragen sie, hätte zu Zeiten von Michael Faraday, der Ende des 19. Jahrhunderts entdeckte, dass zwischen Magnetfeld und Elektrizität ein Zusammenhang besteht, auch nur im Entferntesten geahnt, dass nur wenige Jahrzehnte später die Welt elektrifiziert sein würde? Wer hätte, als Guglielmo Marconi 1897 mühsam per Morsealphabet ein paar Wörter über den Ärmelkanal funkte, sich vorstellen können, dass wir heute in der Lage sind, fast von jedem Punkt der Welt aus mit Menschen auf anderen Kontinenten zu sprechen und Informationen auszutauschen? Ebenso könnte es sein, dass in einigen Jahrzehnten der optische und der Quantencomputer unsere langweiligen PCs abgelöst haben, dass Nachrichten nicht mehr mühselig gefunkt, sondern von einem Punkt des Globus zum anderen gebeamt werden – und das völlig abhörsicher.

Die Erscheinungen der Quantenwelt, die uns heute noch so seltsam und unerklärlich vorkommen, werden vielleicht bald ebenso selbstverständlich die Grundlage einer neuen Technik sein wie heute Elektrizität oder Halbleitertechnik.

Natürlich wird diese Technik dem Laien immer noch verborgen bleiben, aber das ist ja heute nicht anders. Wer kennt schon die physikalischen Grundlagen seines Handys, wer weiß genau, was im Motor seines Autos abläuft oder warum das Licht angeht, wenn er auf den Schalter drückt? Ebenso einfach wird vielleicht eines Tages unser Umgang mit der neuen Quantentechnik sein. Und wenn wir persönlich das nicht mehr erleben sollten, unsere Kinder und Enkel sind mit Sicherheit dabei. »Wir sind nach dem klassischen Verständnis der Welt erzogen worden«, betont Harald Weinfurter, einer der Verfechter dieser neuen Physik, »unsere Kinder werden aber vielleicht schon mit Quantenspielzeug spielen, sie werden jedenfalls mit der Quantenmechanik aufwachsen.« Oder wie John

Archibald Wheeler, einer der ganz Großen der Quantenphysik, bereits 1979 sagte: »Die größten Entdeckungen kommen erst noch.«

Ausdenken kann man sich viel. Aufschreiben auch: Papier ist geduldig. Die Welt ist voll von Privatgelehrten und Erfindern, die die Menschheit mit der Lösung aller Welträtsel beglücken wollen. Mit der Realität haben die meisten dieser Ideen jedoch nichts zu tun, manche sind nicht einmal dazu gut, die Wirklichkeit exakt zu beschreiben. Genau das aber hat sich die Physik zum Ziel gesetzt: Ihre Gesetze sollen immer und überall zuverlässig gelten, also im Großen wie im Kleinen; bei uns auf der Erde ebenso wie draußen im Weltall; früher, zur Zeit der Saurier, genauso wie übermorgen.

Es ist eine Art Denksportaufgabe, sich zu überlegen, wie man ein physikalisches Gesetz beweisen kann. Der gesunde Menschenverstand sagt uns, dass man es einfach ausprobiert: Man macht ein Experiment, und wenn ein Gesetz zutrifft, sollte es das Ergebnis des entsprechenden Versuchs richtig vorhersagen. Zum Beispiel die Überlegung, die einst den italienischen Physiker Galilei umtrieb: Er vermutete, dass die Erde alle Gegenstände, etwa Äpfel, anzieht. Was tat er? Er ließ Äpfel – vielleicht auch Kugeln, so genau wissen wir das heute nicht mehr – zu Boden fallen, und tatsächlich: Die Erde zog die Gegenstände an, sie fielen nach unten. Aus der Zeit, die sie bis zum Aufschlag brauchten, errechnete der geniale Wissenschaftler schließlich sogar die Stärke der Erdanziehung.

Natürlich ist ein solches Experiment kein Beweis, dass das Gesetz immer und überall gilt. Es könnte ja sein, dass zum Beispiel in Australien oder auf irgendeiner fernen Insel Äpfel nicht von der Erde angezogen werden. Solange man das nicht ausprobieren kann, weiß man es nicht, und solange kann das Gesetz der Erdanziehung nicht universell gültig sein. Nun hätte man viel zu tun, wenn man überall auf der Welt herumreisen und Äpfel fallen lassen wollte (obwohl – ich würde es gerne tun). Deshalb haben sich die Physiker auf folgende Regel geeinigt: Ein physikalisches Gesetz soll so lange gelten, bis das Gegenteil bewiesen wurde. Es genügt also nur ein einziger Versuch, bei dem ein Apfel nicht zu Boden fällt, sondern schwebt oder gar nach oben fliegt, um das Gesetz von der Erdanziehung ein für allemal zu widerlegen.

Und so kann man sich die Geschichte der Naturwissenschaften – denn dies gilt auch für die Chemie – vorstellen als einen geistigen Wettlauf von Forschern, die sich immerfort Experimente ausdenken, mit denen sie bestehende Gesetze über den Haufen werfen wollen. Andere, die sich neue Gesetze ausgedacht haben, setzen dem ihr Bemühen entgegen, Versuche zu finden, die jene neuen Gesetze belegen sollen.

Dieser Wettkampf hat im Lauf der Geschichte immer wieder zu äußerst spannenden Konfrontationen geführt: etwa bei dem Jahre dauernden Versuch, Einsteins Relativitätstheorie zu beweisen, oder auch früher schon, als die katholische Kirche Gelehrte zu Ketzern stempelte, nur weil diese physikalische Regeln formulierten, die den gültigen theologischen Dogmen widersprachen. Und auch heute ist dieser Wettkampf noch in vollem Gange. Eine ganze Reihe physikalischer Gesetze harren ihrer experimentellen Untermauerung, und die Gesellschaft gibt Milliarden von Euro, Dollar, Yen oder Rubel dafür aus, Experten entsprechende Experimente durchführen zu lassen. Ein noch ungelöstes Rätsel ist zum Beispiel die Frage, woraus sich unser Universum überhaupt zusammensetzt, denn die bisherigen Beobachtungen haben gezeigt, dass wir nur etwa zehn Prozent der Materie im Weltall kennen. Wo ist der Rest? Woraus besteht er? Warum können wir ihn nicht sehen? Spannende Fragen, die jedoch im vorliegenden Buch nicht behandelt werden.

Ein anderes Rätsel – und dies werden wir hier ansprechen – besteht darin, dass es offenbar eine geheimnisvolle Beziehung zwischen bestimmten Teilchen gibt, die sie veranlasst, auch dann miteinander in Verbindung zu bleiben, wenn sie weit voneinander entfernt sind. Eine Art von Teilchen-Telepathie, die heute Gegenstand intensiver Forschung ist.

Ungeklärt ist daneben auch die Frage, warum Teilchen gleichzeitig Wellen sind. Wann sind sie das eine, wann das andere? Können auch größere Dinge gleichzeitig Welle und Teilchen sein, vielleicht dieses Buch? Oder das Rätsel der Unbestimmtheit: Warum können Teilchen gleichzeitig an verschiedenen Orten sein oder unterschiedliche Energie haben? Warum enthält sogar das Vakuum, also die absolute Leere, unzählige Teilchen? Warum kann eine Katze tot und gleichzeitig lebendig sein?

Fragen über Fragen, die alle auf eine endgültige Antwort warten.

Eines jener umstrittenen Probleme, das immer wieder gegensätzliche Ansichten auf den Plan rief, war jahrhundertelang die Frage, ob Licht aus Teilchen oder Wellen besteht. Sogar Johann Wolfgang von Goethe hat sich hier eingemischt, und zwar mit Leidenschaft und viel Polemik. Er wandte sich vor allem gegen die Vorstellungen, die der Naturforscher Isaac Newton im Jahrhundert zuvor über das Licht geäußert hatte, und verdammte sie als Irreführung: »Newton … hat eine unheilvolle Verwirrung über die Welt gebracht«, schrieb er in seinen ›Maximen und Reflexionen‹.

Begonnen hatte alles mit dem Leidener Mathematikprofessor Willebrord Snellius. Anfang des 17. Jahrhunderts hatte er die Brechung von Lichtstrahlen beim Übergang von einem Medium zu einem anderen untersucht, also zum Beispiel von Luft zu Wasser. Dabei entdeckte er 1621 das Brechungsgesetz, das bis heute gilt; es sagt aus, dass sich Licht in unterschiedlichen Medien mit unterschiedlicher Geschwindigkeit ausbreitet.

Bekannt gemacht wurde dieses Gesetz jedoch erst 1637 vom französischen Gelehrten René Descartes. Er bemühte sich, dies gemeinsam mit anderen optischen Erscheinungen durch die Annahme zu erklären, dass das Licht aus kleinen Partikeln bestehe, die schnell geradeaus fliegen.

Wie könnte ein Experiment aussehen, das Antwort auf die Frage gibt, ob Licht aus Teilchen besteht? Nun, am einfachsten wäre es vielleicht, Licht gegen einen Spiegel zu strahlen und zu beobachten, ob es so zurückgeworfen wird, wie man das von Teilchen erwarten würde. Descartes hatte genau diese Idee, und er erkannte, dass sich tatsächlich reflektierte Lichtstrahlen so verhalten, als ob kleine Lichtteilchen wie winzige Bälle an elastischen Oberflächen abprallten. Einfallswinkel war gleich Ausfallswinkel, und die Stärke des reflektierten Lichtstrahls war ebenso groß wie die des einfallenden Lichts.

Ganz entsprechend erklärte Descartes auch die Brechung des Lichts am Übergang von Luft in Wasser oder Glas. Er stellte sich den Übergang von einem Medium in ein anderes so vor, als ob winzige Kügelchen ein dünnes Tuch durchschlagen müssten: Die Kugeln würden beim Durchschlag durch das Tuch ein wenig abgebremst und abgelenkt, genau so, wie das eben mit dem Licht geschehe.

Dies waren zweifellos überzeugende Theorien, und sie gewannen auch viele Anhänger. Aber nicht alle Forscher glaubten daran. So entschied sich etwa zur gleichen Zeit der italienische Mathematiker Francesco Grimaldi in Bologna dafür, dass Licht aus Wellen bestehe. Er hatte beobachtet, dass Schatten immer etwas größer sind, als sie bei geradliniger Ausbreitung des Lichts eigentlich sein dürfen, außerdem sind die Ränder des Schattens oft gefärbt.

Diese beiden Effekte lassen sich gut durch Wellen erklären, denn ähnliche Beobachtungen kann man auch machen, wenn man Wasserwellen betrachtet, die ein Hindernis umlaufen. So glaubte Grimaldi, dass Licht ein Fluidum sei, das sich mit großer Geschwindigkeit bewegt und gleichzeitig schnell schwingt.

Der holländische Wissenschaftler Christian Huygens baute vor rund 300 Jahren auf dieser Theorie Grimaldis auf. Er schrieb: »Wenn man die außerordentliche Geschwindigkeit, mit welcher das Licht sich nach allen Richtungen ausbreitet, beachtet und erwägt, dass, wenn es von verschiedenen, ja selbst von entgegengesetzten Stellen herkommt, die Strahlen einander durchdringen, ohne sich zu hindern, so begreift man wohl, dass dies nicht durch die Übertragung einer Materie geschehen kann, welche von diesem Objekte zu uns gelangt, wie etwa ein Geschoss oder ein Pfeil die Luft durchfliegt. Es muss sich demnach auf eine andere Weise ausbreiten, und gerade die Kenntnis, welche wir von der Fortpflanzung des Schalles in der Luft besitzen, kann uns dazu führen, sie zu verstehen.«

Huygens schloss aus diesen Überlegungen, dass das Fluidum, das er »Äther« nannte, stationär sei; in ihm sollten sich die Lichtschwingungen wie Schallwellen ausbreiten. Der Äther sollte aus winzigen elastischen Teilchen bestehen, die Impulse übertragen können, ohne dabei ihre eigene Lage zu verändern. Er sollte alle durchsichtigen Körper ausfüllen, die von Licht durchdrungen werden. Beim Durchgang durch feste Körper, etwa durch Glas, mussten die Lichtwellen jedoch Umwege um die Teilchen des Körpers machen, so dass ihre Fortpflanzung verlangsamt würde. Auf diese Weise erklärte Huygens die Brechung des Lichts.

Er veröffentlichte seine Erkenntnisse 1690 in seinem Werk ›Traités de la Lumière‹ (Abhandlung über das Licht), aus dem auch das obige Zitat stammt. In der Tat waren seine Überlegungen zur damaligen Zeit äußerst hellsichtig und innovativ. Da Huygens ein angesehener und selbstbewusster Gelehrter war, wagte er es sogar, einige optische Abhandlungen zu kritisieren, die der große Isaac Newton im Jahr 1672 veröffentlicht hatte und die seinen Ansichten entgegenstanden. Dies hatte einen für Newton so typischen Wutausbruch zur Folge, und die Feindschaft zwischen den beiden Geistesgrößen hielt sich hartnäckig ihr ganzes Leben lang. Der Gegensatz zwischen Huygens und Newton entzweite eine ganze Generation von Gelehrten. Die Kontroverse wurde nicht immer mit feinen Mitteln ausgetragen, und die wissenschaftlichen Gesellschaften der jeweiligen Länder spielten dabei keine allzu rühmliche Rolle.

Eigentlich hatte sich Newton ursprünglich gar nicht sonderlich für das Wesen des Lichts interessiert, er beschäftigte sich lieber mit Astronomie. Als gutem Beobachter fiel ihm jedoch auf, dass die damals gebräuchlichen Fernrohre, die aus Kombinationen mehrerer Linsen bestanden, an den Rändern stets farbige und leicht verzerrte Bilder lieferten, und er ging der Sache nach. Und wenn Newton etwas tat, dann tat er es gründlich: Er konstruierte nicht nur im Jahr 1668 – also mit 26 Jahren – das erste Spiegelteleskop der Welt, das die Nachteile der Linsenfernrohre überwand, sondern er begann, das Licht als solches näher zu untersuchen.

Mit Hilfe von Prismen gelang es ihm, weißes Licht in seine Bestandteile zu zerlegen. Bei einem Prisma handelt es sich um einen Glasblock, der einen dreieckigen Grundriss hat. Lässt man weißes Licht so hindurchfallen, dass es durch die beiden nicht parallelen Wände hindurchtritt, spaltet es sich dabei in die Farben des Regenbogens auf: Wie durch Zauberhand wird so aus weißem Licht farbiges. Da es damals noch keine richtigen Physiklabors gab, experimentierte Newton in seinem Zimmer im Trinity College in Cambridge, wo er sich 1661 als Student eingeschrieben hatte. Er entfaltete beträchtliches handwerkliches Geschick und baute viele Geräte selbst.

Newton ging noch einen Schritt weiter und versuchte, die einzelnen Teile des farbigen Spektrums, wie man die Regenbogenfarben nannte, herauszufiltern und durch ein zweites Prisma weiter aufzufächern. Dabei stellte er fest, dass die Spektralfarben nicht mehr weiter zu zerlegen waren.

Im Jahr 1704 veröffentlichte er in seinem Buch ›Opticks‹ eine Erklärung für die experimentellen Ergebnisse. Dabei vertrat er wie Descartes und Snellius teilweise die Ansicht, dass Licht aus Partikeln bestehe, die sich auf geraden Linien bewegten. Sie sollten im umgebenden Äther Vibrationsbewegungen erzeugen. Gleichzeitig erkannte er aber auch weit reichende Analogien zwischen Licht und Wellen.

Mit seiner Äthertheorie hat Newton sich geirrt, soweit wir das heute wissen. Aber seine Ansichten über die Natur des Lichts sind im Großen und Ganzen auch heute – rund 300 Jahre später – noch aktuell und scharfsinnig. Damals jedoch riefen sie Befürworter und Kontrahenten auf den Plan, und Goethe, der sich bei der Entwicklung seiner Farbenlehre mit Newtons Erkenntnissen intensiv auseinander gesetzt hatte, profilierte sich rund hundert Jahre nach dessen Tod als ein erbitterter Gegner.

Sicherlich war Newton ein schwieriger Mensch, und er machte sich in seiner unfreundlichen und undiplomatischen Art viele Menschen zu Feinden. Aber Goethe kannte ja nur seine Schriften, und so ist es erstaunlich, mit welcher Eindringlichkeit er versuchte, Newton auch charakterlich zu diskreditieren. Aber auch im Irrtum war Goethe eben grandios. In seiner ›Geschichte der Farbenlehre‹ leitete er gleich das Kapitel über Newton mit heftigen Angriffen gegen den Gelehrten ein: »Unter denen, welche die Naturwissenschaften bearbeiten«, schreibt er, »lassen sich vorzüglich zwei Arten von Menschen bemerken. Die ersten, genial, produktiv und gewaltsam, bringen eine Welt aus sich selbst hervor, ohne viel zu fragen, ob sie mit der wirklichen übereinkommen werde ... Entspringt aber in einer so tüchtigen genialen Natur irgendein Wahnbild, das in der allgemeinen Welt kein Gegenbild findet, so kann ein solcher Irrtum ... gewaltsam um sich greifen und die Menschen Jahrhunderte durch hinreißen und übervorteilen ... Zu der ersten dieser Klassen gehört Newton ... Er irrt, und zwar auf eine entschiedene Weise.« Und ein paar Seiten weiter setzt er noch eins drauf: »Wir behaupten, er sei als Mensch, als Beobachter in einen Irrtum gefallen und habe als Mann von Charakter, als Sektenhaupt, seine Beharrlichkeit eben dadurch am kräftigsten bestätigt, dass er diesen Irrtum trotz allen äußeren und inneren Warnungen bis ans Ende fest behauptet, ja immer mehr bearbeitet und sich bemüht, ihn auszubreiten, ihn zu befestigen und gegen alle Angriffe zu schützen.«

Der Mann, den Goethe hier in seiner Maßlosigkeit sogar als »Sektenhaupt« beschimpft, hat, wie wir heute wissen, mit seinem »Wahnbild« Recht gehabt, Goethe hingegen auf geradezu peinliche Weise Unrecht. Die Verdienste Isaac Newtons wurden später immer wieder gewürdigt, viele Dichter, Philosophen und Fachkollegen schwärmten in den höchsten Tönen von ihm und seinen Verdiensten für die Wissenschaft. Dies gilt auch für seine Arbeiten über das Licht.

Einer, der sich ebenfalls große Meriten auf dem Gebiet der Lichttheorie erworben hat, war Albert Einstein. Er verfasste Anfang des 20. Jahrhunderts ein Vorwort zu einer Neuauflage von Newtons ›Opticks‹. Darin schreibt er: »Glücklicher Newton, selige Kindheit der Wissenschaft! Wer Zeit und Ruhe hat, kann bei der Lektüre die-

17

ses Buches noch einmal die wunderbaren Ereignisse erleben, die der große Newton in seinen jungen Tagen erfuhr. Die Natur war für ihn ein offenes Buch, dessen Buchstaben er ohne Mühe zu lesen vermochte … Stark, sicher und allein, so steht er vor uns: Seine Schaffensfreude und seine Genauigkeit bis ins letzte Detail zeigen sich in jedem Wort und in jeder Zahl. Reflexion, Brechung, die Formung von Bildern durch Linsen, die Arbeitsweise des Auges, die Spektralzerlegung und die erneute Zusammensetzung der verschiedenen Arten von Licht, die Erfindung des Spiegelteleskops, die ersten Grundlagen der Farbtheorie, die elementare Theorie des Regenbogens – all dies zieht in einer Prozession an uns vorbei, und am Schluss kommen seine Beobachtungen der Farben dünner Plättchen als die Grundlage des nächsten großen theoretischen Fortschritts, der mehr als hundert Jahre auf das Kommen Thomas Youngs warten musste.«

Genau dieser Thomas Young war es, der die Theorie des Lichts wieder ein großes Stück voranbrachte. Er war einer der überragenden Geister des 18. Jahrhunderts, weltläufig, hochintelligent, auf vielen Gebieten außergewöhnlich begabt und universell interessiert. Er wurde 1773 in Milverton im englischen Somerset als erstes von zehn Kindern einer Quäkerfamilie geboren, und schnell stellte sich heraus, dass er ein Wunderkind war: Mit zwei Jahren – so wird berichtet – habe er bereits lesen gelernt, mit vierzehn schrieb er eine Autobiografie auf Lateinisch, und er beherrschte eine Vielzahl von Sprachen, auch orientalische wie Hebräisch, Persisch und Arabisch. In London, wo er Medizin studierte, lernte er berühmte Zeitgenossen aus allen Bereichen der Kunst und Politik kennen und vervollständigte seine Bildung.

Eine seiner Großtaten, die ihn bis auf den heutigen Tag unvergesslich machen, ist sein Beitrag zur Entzifferung der Hieroglyphen auf dem Stein von Rosette. Diese

schwarze Basaltplatte, auf der ein Text in Griechisch, De-
motisch und in Hieroglyphen eingemeißelt ist, hatten Na-
poleons Soldaten auf einem Feldzug 1799 in der Nähe der
ägyptischen Stadt Raschid – die Franzosen nannten sie
Rosette – gefunden. Der Stein landete schließlich in London, wo man ihn noch heute im British Museum besichti-
gen kann. Young bekam den Stein von Rosette zum ersten
Mal 1814 zu Gesicht, und er fand als Erster heraus, dass
bestimmte Hieroglyphen-Wörter phonetisch geschrieben
waren. Das war der entscheidende Schritt zur Entzifferung der ägyptischen Schrift, die teils ihm selbst, vollständig aber schließlich Jean-François Champollion im Jahr
1822 gelang.

Allein diese Tat hätte genügt, um sich in die Annalen
der Geschichte einzutragen. Für die Physik aber hat Thomas Young eine ebenso große Leistung erbracht, indem er
1817 eine Methode erfand, mit der er beweisen konnte,
dass Licht eine Welle ist. Er ging dabei von der Beobachtung aus, dass Wasserwellen, wenn sie aufeinander treffen,
sich überlagern – Physiker nennen das heute »Interferenz«. An den Stellen, wo Wellenberge zusammenkom-
men, entsteht eine Verstärkung, an den Stellen, wo Wellenberg und Wellental sich treffen, löschen sich die beiden
Wellen gegenseitig aus. So entsteht ein regelmäßiges Muster von Verstärkung und Auslöschung. Die Abstände zwischen den einzelnen Maxima beziehungsweise Minima
betragen immer ein ganzzahliges Vielfaches der Wellenlänge.

Warum, so überlegte Young, sollte etwas Derartiges
nicht auch beim Licht funktionieren, falls Licht eine Welle ist? Man muss bedenken, dass er sich damals das Licht
so ähnlich vorstellte wie eine Wasserwelle. Das Medium,
in dem es sich bewegen sollte, nannte man Äther. Und
nun ersann Young eine Anordnung, die von da an unter
dem Namen Doppelspalt-Experiment Furore machte. Bis

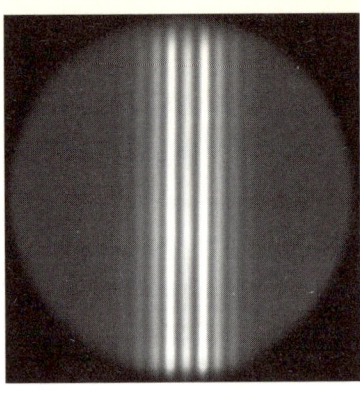

Abb. 1: Ein typisches Interferenzmuster, bestehend aus hellen und dunklen Streifen.
Quelle: http://astro.uni-tuebingen.de/groups/opt_det/d_spalt.jpg

heute hält dieses Experiment die Physiker in Atem, denn es hat im Lauf der Jahrhunderte in immer neuen Varianten dafür gesorgt, dass die Fachwelt aus dem Staunen nicht herauskam. Was haben Physiker nicht alles durch diese Spalte gejagt: Licht aller Wellenlängen, Schrotkugeln, Elektronen, Protonen, Bälle, Röntgenstrahlen. Sie haben die Detektoren verändert, verfeinert, bewegt, den Doppelspalt verschoben und bewegt, Messgeräte dazwischengestellt, und trotzdem sind die Ergebnisse dieses Experiments immer wieder verblüffend, und ihre Analyse gab den Forschern lange Zeit Rätsel auf. Noch heute denken Wissenschaftler auf der ganzen Welt über die Geheimnisse des Doppelspalts nach.

Youngs Versuchsanordnung war im Grunde einfach: Sie bestand aus einer Metallplatte mit zwei schmalen, eng benachbarten Schlitzen, hinter der in einigem Abstand eine Leinwand stand. Nun beleuchtete Young die beiden Schlitze mit einfarbigem Licht. Durch jeden der beiden Spalte drang ein dünner Lichtstrahl. Wenn sich das Licht wie eine Wasserwelle verhält, müssten sich diese beiden

Lichtstrahlen hinter dem jeweiligen Spalt kreisförmig ausbreiten und sich dabei überlagern. Auf der Leinwand hinter dem Doppelspalt müsste dann ein Muster entstehen: Trifft dort ein Wellenberg auf einen anderen, müsste sich das Licht an dieser Stelle verstärken, trifft ein Wellenberg, der vom einen Spalt ankommt, gerade auf ein Wellental, das vom anderen Spalt ankommt, müssten sich die beiden auslöschen. Das entstehende Muster müsste also abwechselnd helle und dunkle Streifen haben, mit dem hellsten Streifen in der Mitte. All dies passiert aber nur, wenn Licht eine Welle ist.

Würde das Licht hingegen aus Teilchen bestehen, würden diese durch die beiden Schlitze hindurch mehr oder weniger geradeaus zur Leinwand fliegen und dort lediglich zwei helle Streifen bilden.

Das Wunder geschah: Im Jahr 1803 gelang es Thomas Young, ein Überlagerungsmuster zu erzeugen, das aus hellen und dunklen Streifen bestand. Dies war also ein eindeutiger Beweis für die Wellennatur des Lichts. Young ermittelte auch die Wellenlänge des Lichts (aus dem Abstand der Streifen) und fand für Rot 0,7 Mikrometer und für Violett 0,4 Mikrometer.

Damit lag er schon ziemlich richtig. Als er jedoch seine Ergebnisse vor der Royal Society in London vortrug, wurde er ausgelacht. Erst rund zwanzig Jahre später, als die französischen Gelehrten Augustin Fresnel und François Arago mit umfangreichen Versuchen Youngs Thesen untermauerten, konnte sich seine Ansicht, Licht sei eine Welle, durchsetzen.

Das Doppelspalt-Experiment aber wurde zu einem wichtigen Prüfstein für die Quantenphysik, denn es kann entscheiden, ob ein Objekt Welle oder Teilchen ist.

Beim Licht haben Young und viele nach ihm gezeigt, dass es ganz eindeutig die Eigenschaften von Wellen hat. Trotzdem wissen wir heute, dass Licht auch in Form von

Teilchen auftritt; diese Einsicht verdanken wir dem berühmten Physiker Max Planck. Er war seit 1889 Professor für Physik in Berlin und untersuchte um 1900 die Frage, warum ein Körper beim Erhitzen erst rot, dann gelb, dann weiß glüht. Man verstand dieses Phänomen damals nicht, denn nach der Wellentheorie des Lichts müsste jeder heiße Körper nicht sichtbare Farben, sondern ultraviolette Strahlung oder Röntgenstrahlung aussenden. Planck fand eine rein mathematische Lösung für das Problem, indem er annahm, dass die Atome des glühenden Körpers das Licht nicht kontinuierlich, sondern in Form kleiner Energiepakete ausstrahlen, die er Quanten nannte.

Die Energie eines Quants sollte mit der Frequenz des Lichts zunehmen, blaue Quanten also energiereicher sein als gelbe oder rote. Aus seinen Berechnungen ergab sich eine neue, universell gültige physikalische Konstante, die Max Planck als elementares Wirkungsquantum bezeichnete und mit dem seitdem dafür üblichen Buchstaben h benannte. Es ist eine winzig kleine Zahl, ihr Wert beträgt $6,5 \cdot 10^{-27}$ erg·sec.

Quanten – inzwischen hat sich auch das Wort »Photonen« dafür eingebürgert – kann man mit kleinen Paketen oder Körnern vergleichen, aber all dies sind nur Bilder. Ähnlich wie ein Geldautomat in einer Bank immer nur Geldbeträge auszahlt, die ein Vielfaches von zehn Euro betragen, kann Energie nur in Quanten bestimmter Größe auftreten. Mein Konto weist einen Betrag auf, der keineswegs durch zehn teilbar ist, aber im Geldautomat wird mein Geld ebenso »gequantelt«, wie Licht gequantelt wird, wenn es von einem Atom aufgenommen oder abgegeben wird.

Planck stellte seine Theorie am 14. Dezember 1900 in einem Vortrag vor der Deutschen Physikalischen Gesellschaft in Berlin vor. Seine These erklärte die beobachteten Phänomene perfekt, aber ihre wirkliche Bedeutung lag zu diesem Zeitpunkt noch im Dunkeln, auch für ihren Entdecker selbst. Zwanzig Jahre später erklärte Planck in seinem Vortrag anlässlich der Verleihung des Nobelpreises: »Aber selbst wenn die Strahlungsformel sich als absolut genau bewähren sollte, so würde sie, lediglich in der Bedeutung einer glücklich erratenen Interpolationsformel, doch nur einen recht beschränkten Wert besitzen. Daher war ich von dem Tage ihrer Aufstellung an mit der Aufgabe beschäftigt, ihr einen wirklichen physikalischen Sinn zu verschaffen ..., bis sich nach einigen Wochen der angespanntesten Arbeit meines Lebens das Dunkel lichtete und eine neue, ungeahnte Fernsicht aufzudämmern begann.«

In dem Buch ›Die Evolution der Physik‹, das Albert Einstein 1937 gemeinsam mit Leopold Infeld verfasste, würdigen die beiden Gelehrten die neue Idee: »... müssen wir annehmen, dass homogenes Licht sich aus Energie-›Körnchen‹ zusammensetzt. Ist dem so, dann lassen sich die Lichtkorpuskeln der alten [Newtons] Lehre durch Lichtquanten ersetzen, die wir Photonen nennen wollen. Es sind dies kleine Energiemengen, die den leeren Raum mit Lichtgeschwindigkeit durchmessen. Die Neubelebung der Newton'schen Theorie in dieser Form hat zur Aufstellung der Quantentheorie des Lichtes geführt. Nicht nur Materie und elektrische Ladungen haben eine ›körnige‹ Struktur; für die Strahlungsenergie gilt genau dasselbe, das heißt, auch sie setzt sich aus Quanten, nämlich Lichtquanten, zusammen. Der Gedanke der Energiequanten wurde zu Anfang unseres Jahrhunderts erstmalig von Planck in die Physik eingeführt, der damit gewisse Phänomene zu deuten suchte.«

Licht – oder allgemeiner gesprochen: Energie –, gequantelt in kleine Portionen, dies war eine Idee, die das gesamte Bild vom Wesen des Lichts über den Haufen warf und die Max Planck so zunächst auch noch nicht postulierte. Erst Einstein zeigte später zwingend, dass eine solche Vorstellung, die vielen absurd erschien, die Natur erklären konnte. Er baute auf diesem Postulat viele wichtige Arbeiten auf.

Eine davon, für die er letztlich 1921 den Nobelpreis erhielt, war die Deutung des so genannten photo- oder lichtelektrischen Effekts: Einsteins Kollege Philip Lenard hatte festgestellt, dass Licht unter bestimmten Bedingungen in der Lage war, aus Metalloberflächen Elektronen herauszuschlagen. Das Erstaunliche an den Ergebnissen von Lenards Messreihen war, dass mit zunehmender Helligkeit der Lichtquelle zwar mehr Elektronen beobachtet wurden, dass aber die Geschwindigkeit dieser Elektronen nicht zunahm. Diese hing jedoch mit der Frequenz des eingestrahlten Lichts zusammen – je höher die Frequenz, desto schneller waren die Elektronen. Außerdem wunder-

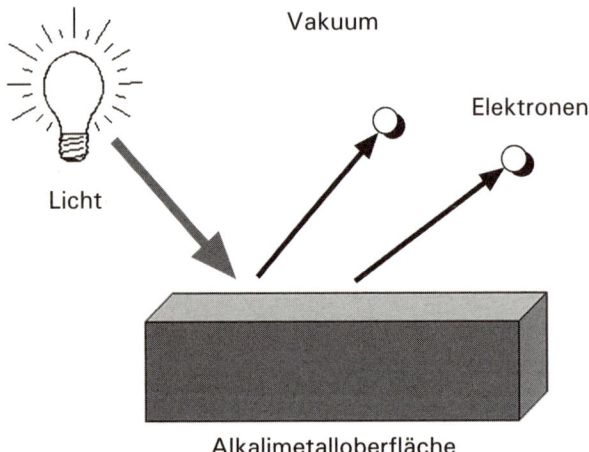

Abb. 2: Schema des photoelektrischen Effekts. Er wird beispielsweise auch in Solarzellen ausgenutzt, die aus Licht Strom erzeugen.
Quelle:
home.t-online.de/home/joerg.resag/mybkhtml/photoeff.gif

te sich Lenard über die Tatsache, dass schon äußerst winzige Lichtmengen ausreichten, um Elektronen aus der Metalloberfläche herauszulösen. Mit den Vorstellungen der klassischen Physik war dies nicht erklärbar.

Um eine Begründung für die Versuchsergebnisse zu geben, postulierte Einstein im Jahr 1905: Die Lichtenergie wird durch Energiequanten der Größe $h \cdot v$ durch den Raum transportiert (wobei h das Planck'sche Wirkungsquantum und v die Frequenz des Lichts bedeutet) und von Elektronen ebenfalls in Form von Energiebündeln aufgenommen.

Treffen nun Energiebündel einheitlicher Größe auf Elektronen, so geben sie diesen jedes Mal die gleiche Energiemenge und damit die gleiche Geschwindigkeit mit. Intensiveres Licht bedeutet lediglich, dass mehr Lichtquanten pro Fläche auftreffen, aber die Energie der Quanten ändert sich nicht. Deshalb werden bei größerer Lichtintensität zwar mehr Elektronen aus der Metalloberfläche herausgeschlagen, aber deren Geschwindigkeit erhöht sich nicht. Dass auch geringste Intensitäten ausreichen, um den photoelektrischen Effekt auszulösen, lässt sich mit der Quantenhypothese ebenfalls erklären: Im Grunde genügt schon ein einziges Photon, um ein Elektron herauszuschlagen. Verändert man die Frequenz des Lichts, also seine Farbe, haben die Energiequanten eine andere Größe, deshalb ändert sich damit auch die Geschwindigkeit der beobachteten Elektronen. So konnte Einstein alle Phänomene aus Lenards Experimenten befriedigend erklären.

Dennoch war sich der Forscher der Merkwürdigkeit seiner Hypothese bewusst. Sie wurde von seinen Fachkollegen mit größter Skepsis aufgenommen, gerade auch von Max Planck, der 1913 anlässlich der Aufnahme Einsteins in die Berliner Akademie der Wissenschaften sagte: »Dass Einstein in seinen Spekulationen gelegentlich auch einmal über das Ziel hinausgeschossen haben mag wie bei seiner Hypothese der Lichtquanten, wird man ihm nicht allzu sehr anrechnen dürfen, denn ohne ein Risiko zu tragen, lässt sich auch in den exakten Wissenschaften keine wirkliche Neuerung einführen.« Heute wissen wir, dass der Irrtum damals auf Plancks Seite lag. Bald gab es auch eine experimentelle Bestätigung für Einsteins Theorie. Der amerikanische Physiker Robert A. Millikan, ein begnadeter Experimentator, führte 1914 exakte Versuche zum lichtelektrischen Effekt durch, und diese bestätigten aufs Genaueste die Voraussagen Einsteins.

Trotz großer Widerstände in der älteren Generation der Wissenschaftler musste man nun allmählich zugeben, dass Licht sich einerseits als Welle verhalten konnte, gleichzeitig aber auch aus Teilchen bestehen musste. Es dauerte aber noch etliche Jahre, bis eine jüngere Generation von Forschern bereit war, diesen Bruch der Denkgewohnheiten ernsthaft und mit allen Konsequenzen zu vollziehen.

Wir aber wollen zunächst zum Doppelspalt zurückkehren und sehen, warum die Experimente mit ihm so spannende Ergebnisse hervorbrachten.

Stellen Sie sich vor, wir machen das Experiment am Doppelspalt zunächst mit Gewehrkugeln. Vor der Wand mit den zwei Schlitzen steht ein Maschinengewehr und schießt mit einer gewissen Streuung Kugeln auf die Anordnung. Manche dieser Kugeln fliegen durch Spalt 1, andere durch Spalt 2. Einige werden von den Rändern der beiden Spalte abgelenkt, die meisten aber fliegen geradeaus hindurch, so dass sich auf der Leinwand eine Häufung an zwei Stellen hinter den beiden Spalten zeigt, P_1 und P_2.

Trägt man die Häufigkeit auf, mit der Kugeln auf jeder Stelle der Leinwand auftreffen, muss man die beiden Einzelkurven P_1 und P_2 addieren, und so ergibt sich die im Bild rechts gezeigte Kurve P_{12}. Es liegt auf der Hand, dass die Wahrscheinlichkeit, dass eine Kugel weit außen auf-

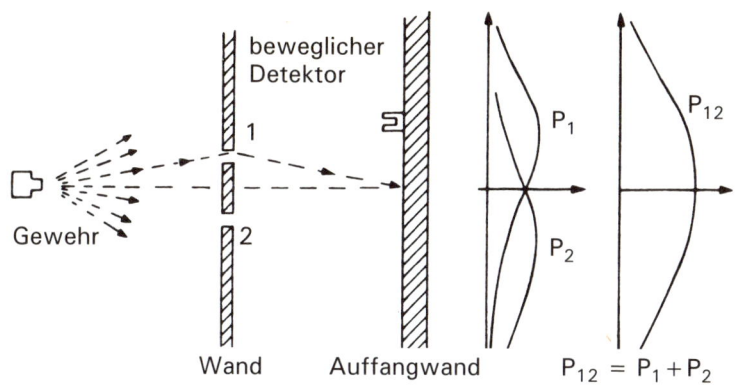

Abb. 3: Der Doppelspalt-Versuch mit Gewehrkugeln.
Quelle: Feynman Vorlesungen über Physik

trifft, immer geringer wird, je weiter der Punkt von der
Mitte des Auffangschirms entfernt ist. Aber längst nicht
so einleuchtend ist die Tatsache, dass das Maximum der
Wahrscheinlichkeit genau im Zentrum des Auffangschirms liegt.

Diesen Tatbestand kann man aber verstehen, wenn man
das Experiment zweimal wiederholt: Einmal hält man
den Spalt 1 zu und einmal den Spalt 2. Wenn Spalt 1 ab-
gedeckt ist, können alle Kugeln nur durch Spalt 2 fliegen,
und man erhält die Kurve, die im Bild mit P_2 bezeichnet
ist. Deckt man Spalt 2 ab, entsteht die Verteilung P_1. Addiert man nun diese beiden Wahrscheinlichkeitsver-
teilungen, so erhält man die Kurve P_{12}, die im ursprünglichen Experiment ermittelt wurde, als beide Spalte
gleichzeitig offen waren. Auffällig ist außerdem, dass jeder Wert auf dem Auffangschirm einem Vielfachen einer
Gewehrkugel entspricht, es gibt keine Zwischenwerte, da
ja immer nur ganze Kugeln ankamen und gezählt wurden.
Dies ist der Grund, warum die wirkliche Kurve nicht glatt
ist, sondern aus vielen einzelnen Zacken besteht.

27

Das Experiment soll nun im zweiten Durchlauf nicht mit Gewehrkugeln, sondern mit Wasserwellen wiederholt werden. Man stellt also die zwei Wände ins Wasser und platziert vor der Wand mit den zwei Spalten nicht mehr ein Maschinengewehr, sondern einen so genannten Wellengenerator, beispielsweise einen Stift, der regelmäßig ins Wasser tupft und beim Eintauchen eine ringförmige Welle erzeugt, die sich nach allen Seiten gleichmäßig ausbreitet. Die Leinwand ersetzen wir durch eine Apparatur, welche die Intensität der eintreffenden Wasserwelle an jedem Punkt registrieren kann.

Analog zur vorherigen Anordnung stellt man nun die Frage, wie hoch die Intensität der auftreffenden Welle an jeder Stelle der »Leinwand« ist. Und dieses Mal ergibt sich das Muster aus hellen und dunklen Streifen, das in der Abbildung (siehe Seite 20) gezeigt ist und die auch einst Thomas Young in seinem Experiment sah.

Wie ist dieses Muster entstanden? Um dies zu ermitteln, deckt man nun wieder zuerst den Spalt 1 ab und lässt die Wellen allein durch Spalt 2 hindurchgehen, anschließend vertauscht man die Abdeckung. Es zeigt sich, dass an jedem der beiden Spalte eine kreisförmige Welle erzeugt wird, die sich zur Aufprallwand hin ausbreitet. Jede einzelne dieser beiden Wellen aus Spalt 1 und 2 erzeugt dort eine Intensitätsverteilung, die genau der entspricht, die wir schon von den Gewehrkugeln kennen, wenn man je einen Spalt abdeckte.

Verblüffend ist jedoch nun, dass sich diesmal die beiden Kurven nicht einfach addieren wie bei den Gewehrkugeln. Die Überlagerung der beiden Wasserwellen ergibt ein völlig anderes Muster als die Überlagerung der Gewehrkugel-Verteilung. Der Unterschied beruht darauf, dass es sich einmal um Teilchen, das andere Mal aber um eine Welle handelt. Teilchen werden einfach aufaddiert. Wellen aber können sich gegenseitig auslöschen oder ver-

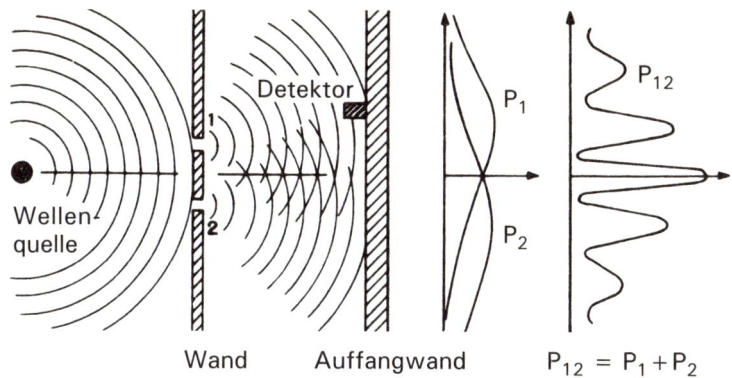

Abb. 4: Der Doppelspalt-Versuch mit Wasserwellen.
Quelle: Feynman Vorlesungen über Physik

stärken; sie können miteinander »interferieren«. Damit
hat dieses weltberühmte Experiment zunächst gezeigt, wo
der entscheidende Unterschied zwischen Teilchen und
Welle verborgen ist.

Es lässt sich nun also sozusagen als Indikator verwenden, wenn man wissen will, ob etwas aus Teilchen oder
Wellen besteht; vorausgesetzt, man kann dieses »etwas«
durch einen Doppelspalt jagen. Interessant wird es beispielsweise bei Elektronen. Diese winzig kleinen, elek-
trisch geladenen Elementarteilchen befinden sich massen-
weise in jedem Material, und sie sind unter anderem
dafür verantwortlich, dass elektrischer Strom fließen
kann. Erhitzt man einen Metalldraht, gibt er Elektronen
ab, und diese kann man mit trickreichen Anordnungen
beschleunigen, so dass sie durch die beiden Spalte fliegen
und dann auf der Leinwand auftreffen.

Welches Ergebnis ist in diesem Fall zu erwarten? Elektronen sind Teilchen, deshalb spricht viel dafür, dass sie
sich ebenso wie Gewehrkugeln verhalten. Verschließt
man zunächst wieder je einen Spalt und lässt die Elektro-

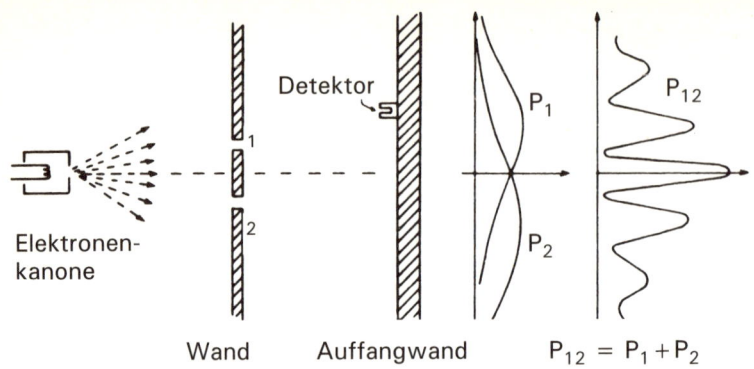

Abb. 5: Der Doppelspalt-Versuch mit Elektronen.
Quelle: Feynman Vorlesungen über Physik

nen nur durch den jeweils anderen fliegen, erhält man wie in den vorherigen Experimenten die Kurven P_1 und P_2. Nun öffnen wir beide Spalte und lassen die Elektronen hindurchfliegen, wo sie wollen.

Registriert man nun die Verteilung der Elektronen auf der Leinwand, so findet man – und dies ist wirklich erstaunlich – keineswegs die gleiche Verteilung wie bei den Gewehrkugeln, sondern die Kurve, die sich bei den Wasserwellen eingestellt hat. Es entsteht also nicht einfach die Addition der Verteilungen, die bei Spalt 1 oder Spalt 2 allein entsteht, sondern eine wellenartige Überlagerung. Wie kann mit Teilchen eine solche Interferenz entstehen?

Richard Feynman, Nobelpreisträger und einer der berühmtesten theoretischen Physiker des 20. Jahrhunderts, hat in seinen Vorlesungen auch dieses Problem behandelt. In der ihm eigenen rigorosen Art meinte er: »Es ist alles recht mysteriös. Und je mehr man es sich anschaut, umso mysteriöser erscheint es. Viele Theorien sind ausgetüftelt worden, um die Kurve zu erklären. Keine von ihnen hatte Erfolg.«

Eigentlich ist es doch ganz einfach, möchte man glauben: Jedes Elektron fliegt entweder durch Spalt 1 oder durch Spalt 2. Und je nachdem, durch welchen Spalt es geflogen ist, trifft es an der entsprechenden Stelle auf der Leinwand auf. Mit einigem Geschick müsste man doch in der Lage sein, die Elektronen dabei zu beobachten. So könnte man vielleicht das Geheimnis lüften.

Damit man die Elektronen auf ihrem Flug sieht, muss man sie beleuchten. Wir stellen also eine Lichtquelle kurz hinter die Wand mit dem Doppelspalt, und wenn nun ein Elektron daran vorbeifliegt, wird es durch das Licht beleuchtet (oder mit anderen Worten: es stößt mit Lichtteilchen zusammen und reflektiert diese zum Beispiel in unser Auge), und wir können es sehen. Wir können nun also bei jedem Elektron erkennen, ob es durch Spalt 1 oder Spalt 2 geflogen kommt.

Nun aber die Überraschung: Wenn man dieses Experiment macht, erscheint auf der Leinwand nicht mehr das Interferenzbild der beiden Wellen wie zuvor, sondern eine ganz gewöhnliche Addition der beiden Kurven P_1 und P_2, so wie wir sie von den Gewehrkugeln kennen. Was hat das zu bedeuten? Es heißt nichts anderes, als dass die Elektronen, wenn man sie beobachtet, sich wie Teilchen verhalten. Schaut man während des Fluges aber nicht hin, verhalten sie sich wie eine Welle.

Dies erinnert fatal an die Vielzahl von Gespenstergeschichten, bei denen die Erscheinung immer genau in dem Augenblick auftaucht, wenn die Kamera kaputt ist oder kein Film drin war. Aber immer dann, wenn die Kamera bereitsteht, ist weit und breit kein Gespenst zu sehen. Wissenschaftler lächeln darüber und halten es für eine faule Ausrede derjenigen, die einer Sinnestäuschung aufgesessen sind. In der Physik, so sagen sie, gibt es das nicht: Dort muss man alles, was behauptet wird, auch mit einem experimentellen Nachweis belegen können.

Aber hier? Benehmen sich Elektronen wie Teilchen oder wie Wellen? Es kann ja wohl kein ernst zu nehmendes physikalisches Gesetz geben, das besagt, dass sie sich hinter unserem Rücken wie eine Welle verhalten, aber in dem Augenblick, wo wir genau hinschauen, werden sie zu Teilchen?

So verrückt es klingen mag: Genau so ist es aber.

In unserem Experiment kann man auch eine physikalische Erklärung dafür finden: Wenn Licht auf ein Elektron trifft, wird es von diesem abgelenkt und trifft unter anderem auf das Auge des Beobachters. Da aber Kraft immer gleich Gegenkraft ist, muss auch gleichzeitig das Elektron ein wenig abgelenkt werden. Es erfährt also beim Zusammenprall mit den Lichtteilchen einen Rückstoß und fliegt infolgedessen anders, als wenn man es nicht beleuchtet hätte.

Man kann das Experiment verändern, wie man will, immer kommt man zu dem Ergebnis, dass man das Interferenzbild auf der Leinwand zerstört, wenn man die Elektronen auf ihrem Flug beobachtet.

Dies ist nicht ein Mangel unseres Experiments, sondern es ist eine der Grundlagen der Quantenphysik. Der deutsche Physiker Werner Heisenberg hat dies 1927 erkannt und in seiner Unschärferelation so formuliert: »Ort und Impuls eines Teilchens können nicht gleichzeitig mit beliebiger Genauigkeit gemessen werden.« Bestimmt man den Ort genau, weiß man also ganz exakt, wo sich das Teilchen aufhält, dann kann man nicht gleichzeitig seinen Impuls, also seine Geschwindigkeit kennen und umgekehrt. Dabei geht es nicht darum, dass das Messgerät etwa unscharfe Werte ergeben würde – nein, die Messung als solche ist sehr genau. Unscharf, also ungenau, ist lediglich der jeweils korrespondierende Messwert. Die Unschärferelation gilt auch für andere Paare von Messgrößen, etwa für die Energie und die Zeit.

Als Heisenberg diese Gesetzmäßigkeit erkannte, rüttelte er damit an den Grundfesten der Physik, denn er behauptete mit anderen Worten, dass jede Messung einen Eingriff in das System bedeutet und es dadurch verändert. Dies berührte das Selbstverständnis der Wissenschaftler zutiefst. Hatte man sich doch vorher immer als außenstehender, objektiver Beobachter gesehen, der die Naturgesetze ergründet, ohne aktiv einzugreifen. Dass diese Rolle prinzipiell unmöglich sein sollte, musste von der Physikergemeinde erst einmal verdaut werden.

In der klassischen Physik, die vorher niemand angezweifelt hatte, gilt das Prinzip der Determiniertheit: Wenn man die Anfangsbedingungen eines Systems genau kennt, dann kann man theoretisch ebenso genau wissen, wie es nach einer gewissen Zeit aussieht. Man muss nur die Bewegungen jedes Körpers nach den klassischen Gleichungen ausrechnen, und schon ergeben sich die Positionen für alle Körper. Angenommen, man will wissen, wie eine Billardkugel in einem Spiel rollt, wenn man sie anstößt. Dazu müsste man die Eigenschaften aller beteiligten Kugeln und des Tisches kennen, und man müsste wissen, wie sie genau angestoßen wird. Dann ließe sich die Bahn der Kugel exakt vorausberechnen – und sehr gute Billardspieler können dies ja auch ganz intuitiv.

Wären die Billardkugeln aber winzig klein, also quantenmechanische Objekte, dann könnten wir wegen der Heisenberg'schen Unschärferelation nie sagen, wo die Kugel genau mit welcher Geschwindigkeit rollt. Entweder könnten wir ihre Geschwindigkeit messen, oder wir könnten ihren Ort bestimmen, aber nicht beides gleichzeitig. Dies ist ein fundamentaler Unterschied zur klassischen Physik.

Dass deren Determiniertheit aber im Grunde auch nur theoretisch besteht und in der Praxis versagt, erkennt man täglich an der Wettervorhersage. Trotz riesiger, leistungsfähigster Computer sind die Meteorologen nicht in der Lage, die Luftbewegungen auch nur wenige Tage im Voraus genau genug zu berechnen. Dies liegt nicht nur daran, dass es einer zu großen Datenmenge bedürfte, um zuverlässige Aussagen zu machen, sondern es hat auch einen prinzipiellen Grund. Richard Feynman hat dies in einer seiner Vorlesungen an einem plastischen Beispiel etwa so erklärt:

Stellen wir uns einmal vor, man will wissen, wie eine Wasserwelle über einen Damm spritzt. Dann könnte man, wenn man vor dem Damm die Position jedes Tropfens kennt, vorausberechnen, wie und wo die Spritzer letztlich auf unserer Nase landen. Aber es gibt ein Problem: Man kann die Position jedes Tropfens immer nur mit einer bestimmten, endlichen Genauigkeit messen, zum Beispiel auf einen millionstel Millimeter genau. Bei jedem Zusammenstoß von zwei Tropfen vervielfacht sich dieser Fehler, und bei den unzähligen Zusammenstößen innerhalb der Welle wird der gesamte Fehler sehr schnell so groß, dass man überhaupt keine Aussage mehr machen kann: Das Wasser spritzt in einer zufälligen Verteilung über den Damm. Man nennt dies auch den »subjektiven Zufall«, da es nur dem jeweiligen Beobachter subjektiv unbekannt ist, was gerade abläuft. Könnte er jedes Atom absolut genau messen, dann gäbe es diesen Zufall bei der Vorhersage nicht mehr. Das gilt auch für den Fall eines Würfels: Könnte man bei einem Wurf ganz genau sagen, in welchem Winkel und mit welcher Geschwindigkeit der Würfel auftrifft, so könnte man auch im Voraus berechnen, wie er fällt, also welche Punktezahl er dann aufweist. Da diese Einzelheiten dem Beobachter in der Regel aber nicht bekannt sind, kann er derartig genaue Vorhersagen nicht machen, er ist abhängig vom »subjektiven Zufall«.

Im Gegensatz dazu ist der Zufall in der Quantenphysik objektiv, das heißt, er ist völlig unabhängig vom Beobachter. Egal, wer eine Messung durchführt und wie genau sie ist, man kann bestimmte Dinge nie mit Sicherheit vorhersagen, weil dies physikalisch unmöglich ist. Man könnte also auch bei einem quantenmechanischen Würfel grundsätzlich niemals vorhersagen, wie er fällt. Anton Zeilinger, Professor an der Universität Wien und einer der herausragendsten Vertreter der Quantenphysik, meinte 1999 sogar: »Dieser objektive Zufall ist wahrscheinlich eine der profundesten Entdeckungen der Naturwissenschaften in unserem Jahrhundert.«

Der große Albert Einstein hat sich vehement dagegen gewehrt, den objektiven Zufall als physikalisches Grundprinzip anzuerkennen: »Gott würfelt nicht«, sagte er einmal, und ein andermal: »Raffiniert ist der Herrgott, aber boshaft ist er nicht!«

Anscheinend doch, denn bis heute gelang es niemandem, Heisenbergs Gesetz zu entkräften.

Das Doppelspalt-Experiment mit Elektronen, so wie wir es hier durchexerziert haben, ist eigentlich nur ein Gedankenexperiment. Gleichwohl wurde es in Wirklichkeit immer wieder durchgeführt, wenn auch in etwas anderer Form. Zum ersten Mal gelang der Nachweis von Elektronenwellen 1926 zwei jungen Physikern, die bei Western Electric in New York arbeiteten, Lester Germer und Clinton Davisson. Sie richteten Elektronenstrahlen auf einen Nickelkristall und analysierten, wie dieser die Elektronen zurückwarf. Die Versuchsanordnung war ziemlich anspruchsvoll, denn das Ganze musste im Vakuum stattfinden, und so passierten ab und zu Missgeschicke: Beispielsweise gab es immer wieder Sprünge in der Glashülle der Vakuumkammer. Auch am 5. Februar 1925 notierte Germer einen derartigen Unfall in seinem Laborjournal. Das Problem dabei war, dass man den wertvollen Nickelkristall anschließend wieder reinigen musste, indem man ihn im Vakuum und unter einer Wasserstoff-Atmosphäre ausheizte, eine lästige und langwierige Prozedur.

Nach zwei Monaten endlich, am 6. April 1925, konnte die Anlage wieder in Betrieb genommen werden. In den darauf folgenden Wochen, als Germer und Davisson die üblichen Tests machten, um das einwandfreie Funktionieren des Geräts sicherzustellen, tauchten seltsame Messkurven auf. Ähnliches hatten sie schon vier Jahre zuvor gesehen, nach einer früheren Reparatur. Um der Sache auf den Grund zu gehen, sägten die beiden die Vakuumkammer auf und nahmen den Nickelkristall unter die Lupe – genauer gesagt, unter das Mikroskop. Was sie fanden, war Folgendes:

Der Kristall hatte sich offenbar unter dem Einfluss der hohen Temperaturen beim Ausheizen verformt und hatte zehn kristallförmige Facetten gebildet, an denen nun die Elektronen gestreut wurden. Dies hatte, so glaubten die beiden Physiker, zu den seltsamen Mustern in der Messkurve geführt. Erst ein Jahr später kam die Wahrheit zutage, und zwar auf eine sehr komische Weise, wie der Wissenschaftspublizist Richard K. Gehrenbeck später erzählte.

Das darauf folgende Jahr war nicht sonderlich gut gelaufen, und die Arbeit im Labor brachte keine besonderen Fortschritte, obwohl man eine neue Apparatur aufgebaut hatte. So war Clinton Davisson gar nicht unglücklich darüber, dass er im Sommer 1926 mit seiner Frau zu einer mehrmonatigen Reise nach England aufbrechen konnte. »Wir werden eine schöne Zeit haben«, schrieb er an seine Frau, »es werden unsere zweiten Flitterwochen – und sie sollen noch süßer werden als die ersten.«

Es wurden besondere Wochen, aber auf ganz andere Art und Weise, als er geplant hatte. Während seine Frau Verwandte besuchte, nahm Davisson in Oxford an einer Konferenz der British Association for the Advancement of

Science teil. Es war damals eine aufregende Zeit in der Physik: Louis de Broglie hatte 1923/24 seine Arbeiten zu den Materiewellen veröffentlicht, 1924 erschien Einsteins Papier zur Bose-Einstein-Statistik (siehe Kapitel 5), und Anfang 1926 wagte sich Erwin Schrödinger mit seinen Überlegungen zur Wellenmechanik an die Öffentlichkeit. All dies wurde ebenso wie die theoretischen Überlegungen von Werner Heisenberg auf jener Tagung in Oxford vorgetragen und sorgte für lebhafte Diskussionen.

Davisson hielt sich über die neuesten Entwicklungen auf seinem Forschungsgebiet stets auf dem Laufenden, aber von der Quantenmechanik hatte er drüben in den USA offensichtlich noch nichts gehört. So fiel er aus allen Wolken, als Max Born plötzlich eine Messkurve von ihm und Germer aus dem Jahr 1923 vorführte, um damit zu beweisen, dass Elektronen auch Wellennatur haben können!

Nach der Sitzung traf sich Davisson mit Max Born und einigen anderen führenden Wissenschaftlern und zeigte ihnen weitere Ergebnisse, vor allem die neuesten Messungen am Nickelkristall. Die Forscher waren begeistert, zumal einige europäische Kollegen Ähnliches versucht hatten, an den experimentellen Schwierigkeiten jedoch zunächst gescheitert waren. Auf der Rückreise über den Atlantik verbrachte Davisson die Tage auf dem Schiff damit, dass er Schrödingers Veröffentlichungen zu verstehen versuchte, denn er ahnte, dass die Erklärung für seine Messkurven daraus abzuleiten war. Man kann allerdings davon ausgehen, dass seine Frau von der neuen Erkenntnis nicht sonderlich erbaut war, denn so hatte sie sich die »zweiten Flitterwochen« sicherlich nicht vorgestellt.

Für seine Arbeiten über die Wellennatur von Elektronen erhielt Clinton Davisson im Jahr 1937 den Nobelpreis für Physik, zusammen mit George P. Thomson. Was hatten Germer und Davisson denn nun genau gesehen?

Heute wissen wir, dass es sich um Interferenzbilder gehandelt hat. Die Elektronen, die die beiden Physiker auf den Nickelkristall lenkten, wurden dort als Wellen reflektiert, und zwar an mehreren Lagen des Kristalls. Immer dann, wenn der Wegunterschied zwischen den verschiedenen Lagen ein Vielfaches der Wellenlänge der Elektronenwelle war, verstärkten sich die beiden; wenn der Unterschied gerade eine halbe Wellenlänge betrug, löschten sie sich aus. Dies hatte zu dem seltsamen Muster geführt, das die beiden zunächst nicht deuten konnten.

Da die Wellenlängen von Elementarteilchen wie Elektronen, Protonen oder Neutronen sehr klein sind, ist es äußerst schwierig, entsprechend schmale Spalte für das Doppelspalt-Experiment zu präparieren. Ein Ausweg sind regelmäßige Gitter, die nicht nur zwei Spalte haben, sondern viele. Auch dort überlagern sich die Teilchenwellen. Oft werden aber entsprechende Versuche auch mit Kristallen gemacht, nach dem Vorbild von Germer und Davisson.

Einen besonders genialen Nachweis, dass sogar ganze Atome miteinander in Interferenz treten, wenn man sie durch einen Doppelspalt fliegen lässt, lieferten im Jahr 1996 der japanische Forscher Fujio Shimizu und seine Kollegen an der Universität für Elektrokommunikation in Tokio. Sie kühlten Atome so stark ab, dass sie nur noch wenige Zentimeter pro Sekunde schnell waren (siehe zur Atomkühlung auch Kapitel 5). Dann ließen sie diese Atome unter dem Einfluss der Schwerkraft nach unten fallen durch eine Platte mit einem Doppelspalt, der einen Abstand von ein bis zwei Mikrometer hatte. Da die Atome sehr kalt waren, hatten sie – wenn man sie als Welle betrachtete – eine Wellenlänge von einigen zig millionstel Millimetern. So bildete sich auf einer Ebene unterhalb des Doppelspalts ein Interferenzmuster, ganz, wie man es erwartet hatte.

Warum lässt sich die Heisenberg'sche Unschärferelation im alltäglichen Leben nicht beobachten? Sie tritt nur bei allerkleinsten Dimensionen in Erscheinung – so glaubte man zumindest. Quantenphysik sei nur etwas, was weit unterhalb des Mikrometer-Maßstabs gilt und bei normalen Größenordnungen nicht auftritt, das war bis vor kurzem die herrschende Meinung.

Dies hat sich aber spätestens 1995 geändert. In diesem Jahr gelang es nämlich, zum ersten Mal ein quantenphysikalisches Objekt zu erzeugen, das so groß war, dass man es – zumindest unter dem Mikroskop – mit den eigenen Augen sehen konnte. Dazu später mehr (siehe Kapitel 5).

Wo liegt nun aber die Grenze zwischen klassischer Physik und Quantenphysik? Könnte analog zu einem Elektron am Kristall vielleicht auch ein Fußball am Tor gebeugt werden oder ein Tennisball am Netz? Oder gar ein Auto in der Tiefgarage? Auch wenn manche Leute diese Erfahrung beim Einparken schon gemacht haben, hat sie offensichtlich nichts mit Quantenphysik zu tun. Wie groß also darf ein Objekt sein, damit es noch zur Quantenwelt gehört? Jahrzehntelang drückten sich die Wissenschaftler möglichst schwammig aus und wollten sich nicht festlegen lassen. Bis einige Forscher auf die Idee kamen, man könnte auch diese Frage anhand des Doppelspalt-Experiments klären.

Der österreichische Physiker Anton Zeilinger und sein Team an der Universität Wien kamen beispielsweise auf die Idee, den Versuch mit extrem großen Molekülen auszuführen, mit so genannten Fullerenen. Dies sind Moleküle, die aus sechzig Kohlenstoffatomen bestehen und exakt die Form eines Fußballs haben. Zwar sind sie für ein Molekül riesig groß, aber für unsere Alltagsmaßstäbe sehr klein: Ihr Durchmesser beträgt etwa einen millionstel Millimeter.

Der Architekt Buckminster Fuller hat ihre Form häufig in seinen Bauten angewandt, deshalb benannte man die Kugelmoleküle nach ihm. (Amerikaner nennen sie auch »Buckyballs«.) Einfach herzustellen – nämlich in einem Kohle-Lichtbogen –, stabil und ungiftig, stellen sie ideale Forschungsobjekte dar. 1990 wurden sie als dritte Kohlenstoffvariante neben dem Diamant und Graphit entdeckt und standen in der »Hitparade« der meistzitierten Veröffentlichungen 1992 und 1993 weit vorn. 1996 erhielten der Brite Harold Kroto und der Amerikaner Richard Smalley für den ersten Nachweis der Fullerene den Nobelpreis für Chemie.

Das Team um Zeilinger wählte die Kohlenstoffbälle für seine Arbeiten aus, weil man sie preisgünstig kaufen kann und weil sie auch hohe Temperaturen ertragen, ohne kaputtzugehen, aber nicht, weil sie einem makroskopischen Fußball so ähnlich sind. Trotzdem ist dies ein interessanter Seitenaspekt: Zwar entspricht das Gewicht eines Buckyballs nicht ganz den Vorschriften der FIFA (er ist zu leicht), aber seine Form und seine Symmetrie sehr wohl. Und würde man ein Fulleren auf die Größe eines Fußballs vergrößern, hätte der Doppelspalt, durch den Zeilinger und seine Leute die Moleküle nun schossen, gerade die Breite eines Fußballtors. Der Abstand allerdings zwischen der Quelle der Fullerene und der »Leinwand«, auf der sie registriert wurden, passt nicht mehr auf ein Fußballfeld: Er entspricht der Entfernung Erde-Mond.

Die winzigen Kohlenstoff-Fußbälle versprachen interessante Aussagen. Sie sind so groß, dass sie auf unterschiedliche Art schwingen können; wenn man sie ausreichend heiß macht, geben sie – ähnlich wie der Wolframdraht einer Glühbirne – Elektronen ab, und sie haben sogar eine eigene Temperatur. Somit »ähneln heiße Fullerene eher einem Stückchen Kohle der klassischen Physik als einem einfachen Quantensystem«, meint Markus Arndt, der das

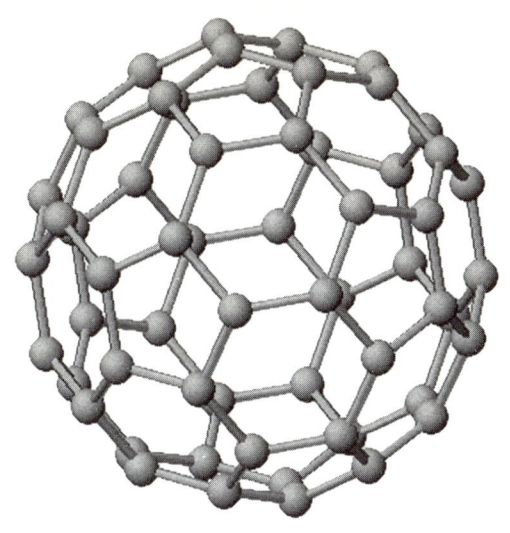

Abb. 6: So sieht ein Fulleren-Molekül aus.
Quelle: http://www.ivw.uni-kl.de/Deutsch/Projekte_Partner/
Proj_Abt2/Einzelprojekte/Fullerene.htm

Experiment durchführte. Der Ausgang war ungewiss.
Denn »genau diese Verwandtschaft mit klassischen Kör-
pern, die unser Interesse erweckte«, so Arndt, »war natürlich auch Anlass für zahlreiche Kollegen zu prognostizie-
ren, dass ein Interferenzversuch wohl scheitern müsse«.
Die Versuchsanordnung des Wiener Teams entsprach
recht genau dem klassischen Doppelspalt-Experiment:
Ein Ofen, der mit Fullerenen gefüllt ist, sendet bei gut
500 Grad Celsius die Moleküle aus, die mit unterschiedlicher Geschwindigkeit davonfliegen; im Mittel haben sie
ein Tempo von 220 Metern pro Sekunde. Die Moleküle,
deren Verhalten man untersuchen will, sollten möglichst
alle die gleiche Geschwindigkeit haben, und es dauerte
mehr als drei Jahre, bis die Wiener Forscher eine Vorrich-
tung erfunden hatten, die aus den ankommenden Molekülen genau die herausfilterte, die mit einer bestimmten

Geschwindigkeit flogen. Diesen Strahl richteten sie nun auf das extrem zerbrechliche Beugungsgitter, das in sich allein schon ein Wunder der Technik ist.

Berechnet man die Wellenlänge, die Fullerene hätten, falls sie sich wie eine Welle benehmen sollten, kommt man auf die Winzigkeit von 2,5 billionstel Metern. Damit man also überhaupt Beugungserscheinungen erwarten kann, müssen sowohl die Abstände als auch die Breite der Spalte am Gitter extrem klein sein. Zum Glück fanden die Wiener eine Gruppe am MIT in Cambridge, USA, die in der Lage war, derartig extreme Gitter herzustellen. Das Gitter, das man schließlich verwendete, hat Stegdicken von 0,2 tausendstel Millimetern, die Lücken sind ein Viertel davon. »Ein solches Gebilde ist natürlich extrem fragil«, so Markus Arndt. Aber neben der Sorge, das winzige Gitter könnte zerbrechen, plagte die Forscher auch die Angst, die Fullerene könnten in den Spalten kleben bleiben und diese langsam verstopfen.

Doch die Befürchtungen erfüllten sich nicht, und auch der Detektor, der anstelle der Leinwand die Ankunft jedes Fulleren-Moleküls messen musste, funktionierte wie vorgesehen. Am Ende stand ein Ergebnis, wie es positiver nicht hätte sein können: Die Physiker erzeugten tatsächlich mit den Fullerenen eine Überlagerungskurve, wie man sie von Wellen erwartet hätte. Der Schluss, den man daraus ziehen kann und muss: Auch riesige Moleküle wie Fullerene können sich wie Wellen benehmen.

Als Nächstes wollten Markus Arndt und seine Kollegen mit derartigen Molekülen die Heisenberg'sche Unschärferelation überlisten: Fullerene können vibrieren und bei dieser Gelegenheit, wenn sie heiß genug sind, auch selbstständig Photonen aussenden. Und dass sie heiß genug werden, dafür kann man durch die Bestrahlung mit einem Laser sorgen. Wenn man nun die Photonen registriert, die von den Fullerenen auf ihrem Weg zwischen Gitter und

Detektor ausgesandt werden, dann sollte man doch eigentlich feststellen können, durch welchen Spalt die Buckyballs fliegen.

Aber wie immer, wenn man glaubt, Heisenbergs Unschärferelation überlisten zu können, funktioniert es nicht. In unserem Fall sind die ausgesandten Photonen nicht geeignet, den Ort des Fulleren-Moleküls zu verraten, denn ihre Wellenlänge ist zu groß; sie ist etwa zehnmal so groß wie der Abstand benachbarter Spalte im Gitter. So kann man aus diesen Lichtteilchen keine zuverlässige Information ablesen, woher genau sie kommen beziehungsweise durch welchen Spalt das Fulleren geflogen ist. Die Physiker um Markus Arndt haben mit einer ganzen Reihe von Tricks versucht, dieses Problem zu umgehen. Aber immer, wenn es ihnen gelang, den Ort der Fullerene zu lokalisieren, verschwamm dafür das Interferenzbild, das heißt, die Moleküle verbargen ihre Welleneigenschaften. Die Natur – so scheint es – sträubt sich dagegen, ihre Geheimnisse restlos preiszugeben.

Was kann man aus dem Experiment mit den Riesenmolekülen lernen? Wo liegt denn nun die Grenze zwischen klassischer und Quantenwelt?

Man weiß es immer noch nicht. Denn ein »Doppelspalt-Experiment mit einer Katze oder auch nur mit einem Standardfußball«, so Markus Arndt, »wird man schon allein deshalb nicht durchführen können, weil die Beugungsgitter dafür nicht herstellbar sind.« Die Wellenlänge eines normalen Fußballs mittlerer Geschwindigkeit ist noch viel kleiner als bei den Fullerenen, und das Gitter müsste ja größer sein als ein Fußball – ein Ding der Unmöglichkeit. So kann man also getrost den Plan abschreiben, die Wellennatur von Alltagsdingen zu beweisen. Die Wiener Forscher haben jedoch mit Hilfe theoretischer Überlegungen abgeschätzt, dass Überlagerungsmuster mit Objekten bis zur Größe kleiner Viren technisch noch möglich sein müssten. Man darf gespannt sein, welche Ergebnisse sie erzielen, wenn sie demnächst Objekte wie Viren dazu bringen, sich durch einen Doppelspalt zu quälen.

Die Fortschritte in der Messtechnik haben es möglich gemacht, dass inzwischen viele Varianten des ursprünglichen Gedankenexperiments am Doppelspalt vorgenommen wurden.

So haben der japanische Forscher Akira Tonomura und sein Team es im Jahr 1989 fertig gebracht, das Experiment mit Elektronen mit einem umgebauten Elektronenmikroskop mit zwei Schlitzen in sehr klarer Weise durchzuführen. Und dabei zeigte sich, wie seltsam die Doppelnatur des Elektrons in der Tat ist:

Schießt man die Elektronen nur durch einen Spalt, entsteht dahinter das erwartete Muster aus einem Streifen mit vielen Einschlägen wie bei Gewehrkugeln. Fügt man den zweiten Spalt hinzu, entwickelt sich dahinter ein Überlagerungsmuster, das aus mehreren hellen und dunklen Streifen besteht.

Die hellen Streifen (der Hintergrund ist schwarz, die Einschläge weiß) entstehen dadurch, dass hier mehr Elektronen einschlagen als an den dunklen Streifen. Jeder Streifen besteht aus Tausenden von Punkten, und jeder Punkt entspricht einem Elektron, das genau dort aufgetroffen ist. Nun kann ein Elektron aber immer nur durch einen der beiden Spalte fliegen. Für jedes Einzelne sieht es also so aus, als wäre nur ein Spalt da – nämlich derjenige, durch den es fliegt. Trotzdem nimmt jedes Elektron einen Weg, der am Ende ein Interferenzmuster ergibt, es fliegt also anders, als wenn tatsächlich nur der eine Spalt gewesen wäre.

Wie aber kann, so muss man fragen, ein zweiter Spalt, den das Elektron ja gar nicht benutzt, dessen Weg beeinflussen? Tonomura hat dieses Phänomen mit seinem Experiment besonders eindrucksvoll zeigen können: Er ließ

Doppelspalt Experiment mit Elektronen
nach Akira Tonomura

10 Elektronen

100 Elektronen

3000 Elektronen

20 000 Elektronen

70 000 Elektronen

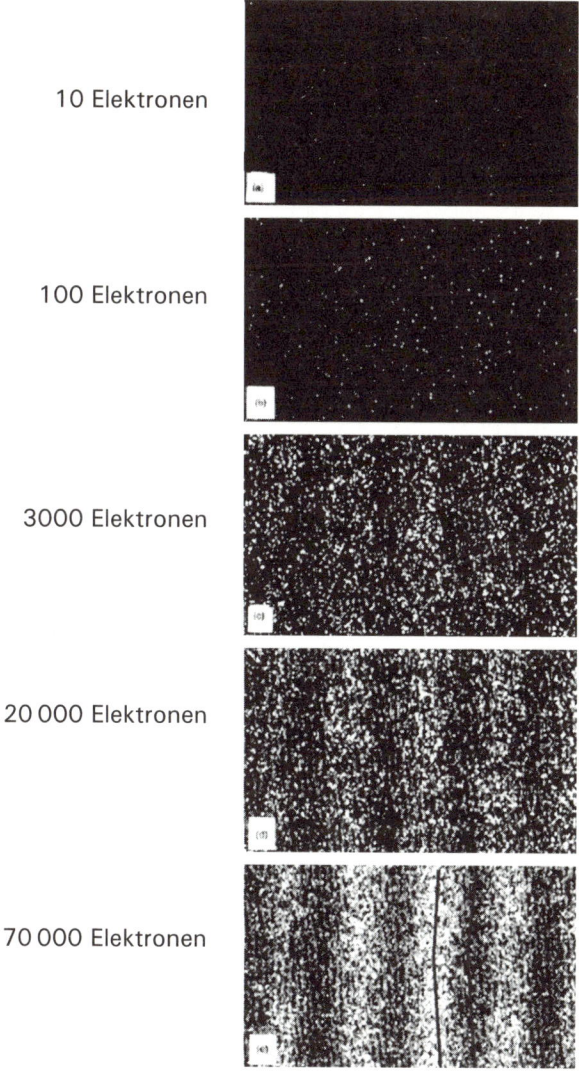

Abb. 7: So entsteht allmählich das Streifenmuster beim
Doppelspalt-Experiment mit Elektronen.
Quelle:
http://www.thp.uni-koeln.de/~ang/tn/physwelt/f05_14.html

die Elektronen nicht zu Tausenden als dicken Strahl durch den Doppelspalt fliegen, sondern reduzierte die Intensität seiner Elektronenquelle so stark, dass schließlich die Teilchen einzeln herausflogen und die Apparatur durchliefen. Jedes einzelne Elektron suchte sich also seinen Weg durch den Doppelspalt.

Woher wussten die Elektronen jeweils von ihren nachfolgenden Kollegen? Sie konnten gar nichts von ihnen wissen. Das Aufregende ist: Sogar wenn nur ein einziges Elektron durch die Apparatur geflogen ist, hat es ein Interferenzmuster erzeugt. »Es erscheint zunächst etwas ungewöhnlich, dass ein Atom mit sich selbst interferieren kann«, wundert sich der Stuttgarter Physikprofessor Tilman Pfau, der sich eingehend mit den Phänomenen der Quantenphysik beschäftigt hat, »aber die Quantenmechanik macht es möglich.« Er erklärt den Effekt mit einem Bild: »Hinter der Blende breitet sich von beiden Spalten ausgehend je eine Kugelwelle aus. So entstehen zwei Wellen, die interferieren können.«

Wie lässt es sich aber nun erklären, dass die Elektronen, wenn sie durch den Doppelspalt flogen, wie eine Welle ein Streifenmuster ausbildeten, wenn sie aber nur durch einen einzigen Spalt flogen oder dabei beobachtet wurden, welchen Spalt sie nahmen, sich wie Teilchen verhielten? Tilman Pfau schreibt: »Dieser Prozess wird in der Quantentheorie als Messprozess bezeichnet. Ein Quantensystem kann sich so lange in mehreren Zuständen gleichzeitig befinden, bis man versucht, seinen Zustand tatsächlich festzustellen.«

Die Erklärung rührt an die tiefsten Geheimnisse der Quantenmechanik. Wie wir schon gesehen haben, ist es unmöglich, die Teilchen dabei zu beobachten, wie sie durch den einen oder den anderen Spalt fliegen, denn dabei geht automatisch das Interferenzmuster verloren. So müssen wir also damit leben, dass wir nie genau sagen können, das Elektron sei durch Spalt 1 oder Spalt 2 geflitzt.

Das Einzige, was man sagen kann, ist, dass es wie ein Geist teils durch den einen, teils durch den anderen Spalt geschlüpft ist, ähnlich wie der Skifahrer unten im Bild, dessen Spuren im Schnee darauf hindeuten, dass er gleichzeitig rechts und links am Baum vorbeigefahren ist. Und die Quantenmechaniker können dazu auch noch angeben, welche Wahrscheinlichkeit beide Wege haben.

Natürlich ließen diese Rätsel den Theoretikern ebenso wie den Experimentalphysikern keine Ruhe, und viele Forscher dachten sich weitere Gedankenexperimente aus, mit denen es möglich sein sollte, den Weg eines Teilchens am Doppelspalt doch – sozusagen heimlich – zu verfolgen.

Ein besonders genialer Vorschlag kam 1991 von den drei Physikern Marlan O. Scully, Berthold-Georg Englert und Herbert Walther, und er wurde sieben Jahre später von Gerhard Rempe am Max-Planck-Institut für Quanten-

Abb. 8: Nicht-klassischer Skifahrer (Zeichnung A.-M. Herckes)
Quelle: www.phys.uni-paderborn.de/~ckoe/cat.jpg

47

optik in Garching bei München in die Tat umgesetzt. Wieder wurden Atome – diesmal Rubidiumatome – durch eine Art Doppelspalt geschickt, wieder, indem man sie unter dem Einfluss der Schwerkraft von oben nach unten fallen ließ. Der Doppelspalt bestand nun nicht mehr aus einer materiellen Blende, sondern aus purem Licht. Denn wenn Licht sich als Teilchen benehmen kann, kann man aus ihm auch optische Elemente herstellen, etwa Strahlteiler, Blenden oder, wie hier, Doppelspalte. Im Vergleich mit dem ursprünglichen Experiment waren hier also die Rolle von Licht und Materie vertauscht – Atome, also Materieteilchen, flogen durch die Schlitze, und diese, die früher aus Material gebildet wurden, bestanden nun aus Licht. In einer komplizierten Anordnung gelang es den Physikern, den Strahl aus Rubidiumatomen an stehenden Lichtwellen so aufzuspalten, dass letztlich vier Teilstrahlen entstanden: Je zwei davon konnten sich gegenseitig überlagern und also Interferenz bilden.

Mit einem ganz besonderen Trick versuchten die Forscher nun, den Rubidiumatomen die Information zu entlocken, auf welchem Weg sie die Anordnung durchflogen. Diese Atome besitzen in ihrer äußersten Schale ein Elektron, das sich in zwei Richtungen einstellen kann, mit Spin nach oben oder nach unten. Das Atom als solches bleibt dabei unverändert.

Nun richteten die Experimentatoren es so ein, dass das Elektron der Atome, die durch den rechten Spalt fielen, sich in Richtung 1 einstellte, das Elektron der Atome, die durch den linken Spalt fielen, in Richtung 2. An diesen Markierungen konnte man später erkennen, welchen Schlitz das Atom benutzt hatte.

Das Ergebnis zeigte das gleiche Phänomen wie alle anderen Experimente zum Doppelspalt: In dem Augenblick, wo man Informationen über den Weg des Atoms bekam, verschwand die Interferenz zwischen den Atomen. Das

Besondere war hier jedoch, dass die Forscher das Verschwinden der Interferenz ganz allmählich herbeiführen konnten. So verschmierten sich die hellen und dunklen Streifen des Interferenzbildes umso stärker, je mehr Atome man mit Weg-Information ausgestattet hatte und umgekehrt.

Eine Vielzahl von Wiederholungen ergab am Ende die Gesetzmäßigkeit: Je ununterscheidbarer die Wege der beiden Atome sind, desto höher ist der Kontrast zwischen den hellen und dunklen Streifen. Dies ist, so freute sich Gerhard Rempe, »eine quantitative Formulierung des Welle-Teilchen-Dualismus«.

Man könnte sich vorstellen, es gäbe zwei Welten: In der einen fliegt das Elektron durch Spalt 1, in der anderen durch Spalt 2. Und das, was wir sehen, ist eine Überlagerung dieser beiden alternativen Welten. In der Tat ist dies die Standarderklärung der Physiker für die Phänomene der Quantenphysik. Sie sprechen aber im Allgemeinen nicht von alternativen »Welten«, sondern von »Zuständen«, die sich »überlagern«, und beschreiben diese Zustände mathematisch mit so genannten »Wellenfunktionen«, die den Namen Φ erhalten.

Insbesondere der österreichische Physiker Erwin Schrödinger hat die Quantenphysik in dieser Form sehr genau ausgearbeitet, zog sich dadurch aber auch den Unwillen Albert Einsteins zu. Die beiden Forscher führten einen langen Briefwechsel über das Thema, und Einstein brachte eine Menge Einwände gegen Schrödingers Ansichten vor. Einer davon beschäftigte sich 1935 auch mit dem geheimnisvollen Übergang zwischen den verschiedenen Zuständen. Wie häufig packte Einstein auch diesen Einwand in ein anschauliches Bild:

»Das System sei eine Substanz in einem chemisch labilen Gleichgewicht, etwa ein Haufen Schießpulver, der sich durch innere Kräfte entzünden kann, wobei die mittlere Lebensdauer von der Größenordnung eines Jahres sei. Dies lässt sich im Prinzip ganz leicht quantenmechanisch darstellen. Im Anfang charakterisiert die Φ-Funktion einen hinreichend genau definierten makroskopischen Zustand. Deine Gleichung sorgt aber dafür, dass dies nach Ablauf eines Jahres gar nicht mehr der Fall ist. Die Φ-Funktion beschreibt dann vielmehr eine Art Gemisch von noch nicht und von bereits explodiertem System. Durch keine Interpretationskunst kann diese Φ-Funktion zu einer adäquaten Beschreibung eines wirklichen Sachverhalts gemacht werden; in Wahrheit gibt es eben zwischen explodiert und nicht-explodiert kein Zwischending. Deine Gleichung kann also sicherlich nicht die Beschreibung des tatsächlichen Vorganges geben, wie es Dir doch vorschwebt.«

Durch die Übersetzung in makroskopische Maßstäbe hat Einstein es geschafft, die Absurdität der Quantenphysik hervorzuheben. Schrödinger brachte er damit aber nicht wirklich in Verlegenheit. Dieser nahm dann das Beispiel sogar zum Anlass, daraus ein noch anschaulicheres Bild zu entwickeln: Das Bild von der Katze, die gleichzeitig tot und lebendig ist. Sie wurde berühmt unter dem Namen »Schrödingers Katze«.

Es ist wieder ein Gedankenexperiment: Man stelle sich eine Kiste vor, in die man nicht hineinsehen kann und aus der keine Geräusche nach außen dringen. In dieser Kiste sitzt eine Katze. Sie ist gesund und munter und ahnt nicht, in welch prekärer Lage sie sich befindet. Denn neben ihr in der Kiste steht ein physikalischer Apparat, der ihren sicheren Tod bedeutet: Ein radioaktives Präparat wird irgendwann den Zerfall eines Atoms erleben, man weiß nur nicht, wann genau. Wenn das Atom zerfällt, wird es über einen Geigerzähler einen elektrischen Impuls auslösen, der einen Hammer auf ein Fläschchen mit Gift fallen lässt. Was dann geschieht, bedeutet für die Katze das

Ende: Der Hammer zertrümmert das Fläschchen, das Gift tritt aus und verdampft, die Katze atmet es ein und stirbt sofort daran.

Nichts von alledem ist von außen zu sehen, zu hören oder zu fühlen. Selbst der aufmerksamste Beobachter wird also nicht feststellen können, ob der radioaktive Zerfall im Inneren der Kiste schon stattgefunden hat oder noch zu erwarten ist. Denn radioaktive Elemente besitzen die Eigenschaft, dass ihre Atome nicht zu einem bestimmten Zeitpunkt zerfallen, sondern nur mit einer gewissen Wahrscheinlichkeit innerhalb einer bestimmten Zeitspanne. Mit anderen Worten heißt das, man kann den Zerfall eines Atoms nicht zeitlich vorhersagen, man kann nur davon ausgehen, dass er beispielsweise mit großer Sicherheit in der kommenden Stunde eintritt.

Was bedeutet dies für die Katze in der Kiste? Während der Stunde, in der der Zerfall wahrscheinlich eintreten wird, kann kein äußerer Beobachter sagen, ob sie noch lebt oder schon tot ist, denn niemand weiß, wann genau das radioaktive Atom zerfällt. Logisch betrachtet, ist die Katze also gleichzeitig lebendig und tot oder keines von beiden. Sie befindet sich in einem Mischzustand zwischen Leben und Tod. Selbstverständlich kann man aber zu jedem Zeitpunkt feststellen, ob die Katze noch lebt oder schon tot ist, indem man die Kiste öffnet und hineinschaut.

Die Parallele zwischen dem Doppelspalt-Experiment und Schrödingers Katze liegt auf der Hand: In beiden Fällen weiß man nicht, was los ist, außer man macht eine Messung. Im Fall der Katze wäre das die Öffnung der Kiste, im Fall der Elektronen die Beobachtung, durch welchen Spalt sie fliegen. In beiden Fällen handelt es sich um die Überlagerung von zwei Zuständen. Erst die Messung sorgt dafür, dass einer der beiden Zustände zur Realität wird, also die Katze tot oder lebendig ist beziehungsweise

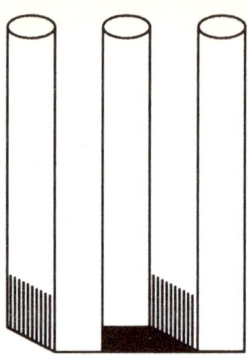

Abb. 9: Ein Weder-Noch-Objekt. Quelle: Jürgen Audretsch

das Elektron durch Spalt 1 oder 2 fliegt. Auf diese Weise ist der Beobachter, der die Messung macht, auf sehr intime Art mit dem Experiment verknüpft – man könnte sagen, er ist ein unverzichtbarer Teil des Experiments. Eine Analogie kann diesen Prozess erklären: Betrachtet man das oben stehende Bild, das der Konstanzer Professor Jürgen Audretsch in seinem Buch ›Verschränkte Welt‹ veröffentlichte, als Ganzes, so lässt sich nicht entscheiden, ob es sich um drei Röhren oder um zwei Kästen handelt. Schaut man jedoch nur die obere Hälfte an, sind es drei Röhren, die untere Hälfte hingegen stellt zwei Kästen dar. Deckt man das obere und untere Ende ab und schaut nur auf den Mittelteil, kann man keinerlei Aussage über die Natur der Figur machen.

So kann der Forscher also vor der Messung nichts Genaues sagen, er kann nur die Wahrscheinlichkeit dafür angeben, mit der Zustand 1 oder 2 vorkommen wird. Ein besonders schönes Bild einer Wahrscheinlichkeitsverteilung haben IBM-Forscher in Almaden, USA, erzeugt: In einer »Arena« aus 74 Eisenatomen befinden sich Elektronen. Sie besetzen aber nicht bestimmte Orte, sondern halten sich mit einer bestimmten Wahrscheinlichkeit an unterschiedlichen Stellen auf. Das Bild auf Seite 54 zeigt diese Wahrscheinlichkeitsverteilung durch die Höhe des »Hügels« an der Stelle. Je höher er ist, desto wahrscheinlicher ist es, dass sich ein Elektron dort aufhält.

Aber zurück zum Doppelspalt-Experiment. Wenn sich jedes Teilchen, das die Anlage durchläuft, entscheiden muss, ob es als Welle oder als Teilchen auftritt (je nachdem, ob es dabei beobachtet wird), könnte man, so überlegte sich ein erfindungsreicher Physiker, doch vielleicht einmal überprüfen, wann genau es diese Entscheidung trifft. Entscheidet es sich bereits vor dem Durchgang durch den Doppelspalt, oder trifft es die Entscheidung erst danach?

Der Mann, der sich darüber Gedanken machte, heißt John Archibald Wheeler, wurde 1911 geboren und ist bis heute Direktor des Zentrums für Theoretische Physik an der Universität von Texas, Austin. Er gehört zu den ganz Großen der Quantenphysik.

Schon als kleines Kind war er extrem neugierig. So beschreibt er in seiner Autobiografie, dass er bereits mit drei oder vier Jahren entdeckte, dass eine Murmel, die er in eine leere Lampenfassung legte, mit einem Knall herausschoss, sobald er den Lichtschalter betätigte. In der Schule war er so gut, dass er innerhalb eines Jahres von der vierten in die achte Klasse aufsteigen durfte. Mit sechzehn Jahren begann er zu studieren, und gemäß seiner Vorliebe für Mathematik wählte er 1927 das Ingenieurwesen als Studienfach.

Da seine Eltern zu jener Zeit als Bibliothekare in Baltimore arbeiteten, besuchte er dort die berühmte Johns Hopkins Universität. Schnell entdeckte er, dass ihm die Physik besonders zusagte, und so promovierte er 1933 als theoretischer Physiker. Ein Jahr danach schaffte er es, als Stipendiat für ein Jahr nach Kopenhagen zu dem berühmten Physiker Niels Bohr zu gehen, und von dieser Begeg-

Abb. 10: Wahrscheinlichkeitsverteilung der Eisenatome bei den Messungen in Almaden.
Quelle: http://www.almaden.ibm.com/vis/stm/corral.html

nung mit dem großen Lehrer wurde sein Arbeitsstil stark beeinflusst.

1938 zog er mit seiner Frau und seinen beiden Kindern nach Princeton, wo er am Institute for Advanced Studies bis 1976 tätig war. Von 1942 bis 46 unterbrach er diese Funktion und beteiligte sich an der Entwicklung der amerikanischen Atombombe und später der Wasserstoffbombe. Diese Arbeit war ihm wichtig, weil er sich als engagierter Amerikaner fühlte und im Zweiten Weltkrieg »hingegangen wäre, wo immer man mich hingeschickt hätte«.

Er war einer, der zwar zu den großen Alten der Quantenphysik – Albert Einstein und Niels Bohr – noch Kontakt hatte, gleichzeitig aber auch mit den »jungen Wilden« zusammenarbeitete. So war beispielsweise der geniale Richard Feynman in Los Alamos sein Schüler.

Seine wissenschaftliche Entwicklung gliederte Wheeler selbst in drei Perioden: »In der ersten dachte ich, dass alles aus Teilchen besteht. Meine zweite Periode nenne ich ›Alles sind Felder‹.« Sie dauerte von 1952, »als ich mich in die Allgemeine Relativität und Gravitation verliebte«, bis zum Ende seiner beruflichen Karriere. Seine dritte Periode steht unter dem Motto »Alles ist Information«. »Je mehr ich nachdenke über das Geheimnis der Quanten und unsere seltsame Fähigkeit, die Welt zu verstehen, in der wir leben, desto mehr sehe ich die grundsätzliche Rolle, die Logik und Information als Fundament der physikalischen Theorie spielen«, fasste er seinen physikalischen Lebenslauf in seinen Memoiren zusammen.

Entsprechend vielfältig waren auch seine Forschungsgebiete: Er beschäftigte sich mit dem Ende der Zeit, der Veränderbarkeit physikalischer Gesetze und der Rolle, die Beobachtung bei der Formung der Geschichte des Universums spielt.

Von John Archibald Wheeler, der mitunter auch als der »Hohepriester der Quantengeheimnisse« bezeichnet wurde, stammt also die Idee, in einem Experiment zu prüfen, wann ein Teilchen sich in einem Doppelspalt-Experiment dafür entscheidet, Teilchen oder Welle zu sein. Wenn man beobachtet, welchen Spalt es durchfliegt, wird es Teilchen sein, wenn nicht, Welle.

Was würde aber passieren, so fragte Wheeler, wenn der Forscher irgendwie so lange warten könnte, bis das Photon den Doppelspalt bereits passiert hat, bevor er sich entscheidet, ob er den Weg des Teilchens beobachtet oder nicht?

Fünf Jahre, nachdem er diese Frage gestellt hatte, gelang es zwei Gruppen – einer an der University of

Maryland und einer an der Universität München – unabhängig voncinander, den Test im Experiment tatsächlich auszuführen.

Sie ließen das Photon nach dem Durchgang durch den Doppelspalt (im realen Experiment war es ein Strahlteiler) so lange Warteschleifen in einem Glasfaserkabel drehen, bis ein Zufallsgenerator entschieden hatte, ob der Weg des Teilchens gemessen werden sollte oder nicht. Wurde er gemessen, entschied sich das Photon sofort, ein Teilchen zu sein, und ließ sich entsprechend registrieren, im anderen Fall benahm es sich wie eine Welle. Damit war der Beweis erbracht, dass sich das Photon irgendwie »rückwärts« in der Zeit entschieden haben musste, wie es sich verhalten sollte.

Marlan O. Scully, der damals beim Münchner Team mitarbeitete, dachte noch einen Schritt weiter: Könnte, so wollte er wissen, die Entscheidung, ob Teilchen oder Welle, nicht sogar später, wenn das Photon die Apparatur schon durchlaufen hatte, wieder zurückgenommen werden, was also einem Quantenradierer entspräche?

Und in der Tat: Auch den Quantenradierer gibt es inzwischen als Experiment. Raymond Y. Chiao von der University of California in Berkeley und sein Team bauten einen Doppelspalt auf, bei dem vor den beiden Schlitzen ein Polarisationsfilter stand.

Diese beiden Messgeräte drückten nun sozusagen den ankommenden Quanten ein Etikett auf, das angab, durch welchen Spalt sie flogen. Natürlich verschwand jetzt das Interferenzmuster auf dem Schirm – selbst dann, wenn niemand die Etiketten der Photonen tatsächlich angeschaut hatte.

Nun aber kam der Quantenradierer ins Spiel: Ein drittes Polarisationsfilter hinter dem Doppelspalt machte die »Etiketten« der beiden vorangegangenen Filter wieder unkenntlich, so dass man nun wieder nicht mehr sagen konnte, durch welchen Spalt jedes Photon geflogen war. Und was passierte? Das Interferenzmuster aus hellen und dunklen Streifen tauchte wieder auf!

Kapitel 2
Verschränkte Teilchen:
Telepathische Zwillinge

Es ist schon etwas Außergewöhnliches, wenn ein Starphysiker sein Universitätslabor verlässt, um in den Untergrund zu gehen, und zwar im wahrsten Sinne des Wortes. Wie im Film ›Der dritte Mann‹ begab sich vor einiger Zeit Professor Anton Zeilinger hinab in die Tiefen des Wiener Kanalnetzes. Der Grund war allerdings weder ein Verbrechen noch eine Verbrecherjagd: Zeilingers Mitarbeiter hatten die Wiener Unterwelt als idealen Experimentierplatz ausfindig gemacht für physikalische Versuche, die man noch vor zehn Jahren als Hirngespinste abgetan hätte.

Es geht um nicht weniger als um Teleportation, also das Beamen eines Objekts von einem Ort zum anderen. Gene Roddenberry, Produzent der Fernsehserie ›Star Trek‹, die bei uns unter dem Titel ›Raumschiff Enterprise‹ lief, hat in den sechziger Jahren die Idee der Teleportation auch für ein breites Publikum populär gemacht. Ihm war es angeblich zu teuer, Starts und Landungen auf fremden Planeten im Film darzustellen. So kam er auf den Gedanken, das Raumschiff samt Mannschaft im Film einfach von einer Stelle des Universums zu einer anderen zu beamen. Zeilinger und seine Mannen wollen nun im Wiener Kanalnetz zwar nicht ganze Raumschiffe oder Astronauten, aber wenigstens einzelne Teilchen von einem Labor zu einem weit entfernten teleportieren.

Abb. 11: Anton Zeilinger.
Quelle: Österreichische Zentralbibliothek für Physik

Der rauschebärtige Wiener Physikprofessor ist immer für eine Überraschung gut. Nach seiner Ausbildung in Physik und Mathematik wandte er sich der Erforschung der Neutronen zu. Als Gastforscher bereiste er die Welt, arbeitete in Frankreich, Deutschland, den USA und Australien, bevor er im Jahr 1990 einen Lehrstuhl in Innsbruck annahm. 1999 wechselte er an die Universität Wien, aus persönlichen Gründen, wie er sagt. Er ist einer der Wissenschaftler, die ihr Metier nicht für das allein Seligmachende halten, sondern es auch wagen, über den Tellerrand hinauszusehen. So interessiert er sich intensiv für Kunst, Religion und Philosophie, spielt Kontrabass und sammelt alte Landkarten, vor allem aus der Ära der österreichisch-ungarischen Monarchie.

Aufsehen erregte er – neben seiner Forschertätigkeit – durch seine Begegnungen mit dem Dalai Lama, den der damals 53-Jährige 1998 eine Woche lang in Dharmasala, dem indischen Exil des buddhistischen Religionsführers, besuchte. Intensiv diskutierten sie dort über die Grenzen der Erkenntnis in Physik und Theologie. Der Dalai Lama revanchierte sich mit einem zweitägigen Besuch im Labor des Physikers in Wien. »Er interessierte sich besonders dafür, wie die moderne Quantenphysik die Welt erklärt«, sagte Zeilinger, »aber wir haben beide viel voneinander gelernt. Allein durch Nachdenken sind die Buddhisten an ähnliche Grenzen der Erkenntnis gestoßen wie wir Physiker.«

Und diese Grenzen machen die Quantenphysik zu einer sehr geheimnisvollen Wissenschaft. Besagen sie doch unter anderem, dass es hundertprozentige Sicherheit in der Physik nicht gibt, etwa dass man den Impuls eines Teilchens nicht genau bestimmen kann, wenn man dessen Ort ganz genau kennt und umgekehrt. Oder dass man ein Teilchen nur dann genau wiegen kann, wenn man den Augenblick, in dem man das tut, nicht so ganz genau wissen will. So verschwimmen die Aussagen, die man in der klassischen Physik mit Entschiedenheit machen konnte, zu wolkigen Unbestimmtheiten. Darüber hinaus sagt die Quantentheorie, dass ein Objekt sich gleichzeitig in mehreren Zuständen befinden kann, und erst durch eine Messung lässt sich diese Situation auf einen einzigen Zustand reduzieren. Vor allem aber geht diese rätselhafte Wissenschaft davon aus, dass Teilchen gleichzeitig Wellen sein können und umgekehrt. Das hat beispielsweise zur Folge, dass ein unteilbares Partikel gleichzeitig durch zwei Öffnungen in einer Wand fliegen kann und anschließend dahinter trotzdem wieder als einzelnes Teilchen ankommt.

Albert Einstein ging diese Geheimnistuerei ziemlich gegen den Strich, und so meinte er, dass die Quantenphysik einfach noch zu unvollständig sei, um die Welt wirklich ausreichend zu beschreiben. Er hatte die Gabe, Dinge prägnant auszudrücken, und mit seinem Ausspruch »Gott würfelt nicht« machte er deutlich, dass er nicht daran glauben konnte, dass man nur Wahrscheinlichkeitsaussagen beispielsweise über den Ort eines Teilchens oder seine Energie machen könne – etwa so, wie man Aussagen über den Fall eines Würfels machen kann. Er mutmaßte vielmehr etwas, was einem der gesunde Menschenverstand sagt, nämlich, dass es »verborgene Größen« geben müsse, die die Situation bereinigten. Erst wenn man diese Größen mit einbeziehe, würde die Beschreibung der physikalischen Welt korrekt und eindeutig. Einsteins Fazit: Man muss also nur nach den bisher verborgenen Größen suchen und sie in die Theorie mit einarbeiten, damit die Welt wieder klar und anschaulich wird.

Ein anderer großer Physiker, Niels Bohr, der durch seine quantenmechanische Erklärung des Atomaufbaus in der wissenschaftlichen Welt bleibendes Ansehen errungen hatte, hielt dagegen. Der Däne, Chef des Instituts für Theoretische Physik an der Universität Kopenhagen, war 1885 geboren und damit sechs Jahre jünger als Einstein. 1913 hatte er sein »Bohr'sches Atommodell« entwickelt, eine innovative Kombination klassischer und quantenmechanischer Vorstellungen über den Aufbau der Atomhülle, das unter anderem zum ersten Mal die Spektrallinien des Wasserstoffs und anderer Elemente erklären konnte.

Bohrs Institut hatte sich im Lauf der Jahre zu einer Art Magnet für geniale junge Physiker entwickelt; die dortigen Vorlesungen und Seminare hatten Weltruhm. Besonders intensiv arbeitete der Däne ab 1925 mit dem jungen deutschen Ausnahmephysiker Werner Heisenberg zusammen und entwickelte mit dem damals erst 24-jährigen Kollegen die so genannte »Kopenhagener Deutung«, die sich auf die Wellennatur des Elektrons bezieht. Heisenberg leitete aus den zugehörigen Überlegungen die nach ihm benannte Unschärferelation ab. Durch seine väterliche Art und seinen überlegenen Intellekt schuf Bohr sich eine Vielzahl von Freunden in der wissenschaftlichen Gemeinde, darunter Geistesgrößen wie die späteren Nobelpreisträger Wolfgang Pauli oder Paul Dirac.

Bohr war ein erstklassiger akademischer Lehrer und ein echter Kommunikationskünstler. Er lud Kollegen und Studenten oft auch noch abends zu sich nach Hause ein; dort wurde dann über die unterschiedlichsten Themen heftig diskutiert. Der Wissenschaftshistoriker Armin Hermann zitiert in seiner Einstein-Biografie den Physiker Otto Robert Frisch, der häufig dabei war: »Ich will nicht behaupten, dass Bohr immer Recht hatte, doch er regte immer zum Denken an und war niemals trivial. Wie oft radelte ich durch die Straßen Kopenhagens nach Hause, trunken vom Geist des platonischen Dialogs.«

Einstein war völlig anders geartet. Obwohl er offiziell Direktor des Kaiser-Wilhelm-Instituts für Physik war, hatte er kein eigenes Institut und folglich auch keinen Schülerkreis. Die abendlichen Plaudereien gab es bei ihm nicht. Er suchte eher das Einzelgespräch oder dachte ganz allein im stillen Kämmerlein nach. So kam es, dass bei seinen Auseinandersetzungen mit Bohr das Lager der Bohr-Anhänger immer das größere war.

Natürlich fühlt sich auch die Quantenphysik dem Grundsatz verpflichtet, dass Gesetze nur dann als gültig angesehen werden, wenn sie nicht durch Experimente widerlegt werden können. Aber jahrzehntelang war die Experimentiertechnik nicht ausgereift genug, dass man einzelne Teilchen so genau hätte untersuchen können, wie das nötig ist, um zuverlässige Aussagen zu machen. Deshalb beschränkten sich die Physiker zunächst auf so genannte Gedankenexperimente. Auch der Doppelspalt-Versuch, der im ersten Kapitel geschildert wurde, gehörte anfangs zu diesen »virtuellen Experimenten«. Sie waren frei von jedem technischen Ballast und kümmerten sich nicht um die praktischen Schwierigkeiten, die aufgetreten wären, hätte man winzigste Teilchen wiegen wollen oder mit ihrer Hilfe kleine Klappen betätigen oder Ähnliches. Das Einzige, was hier zählte, waren die prinzipiellen physikalischen Sachverhalte in ihrer allerreinsten Form.

Die interessantesten und wichtigsten Gedankenexperimente – dieses Wort wurde sogar ins Englische übernommen – entstanden im Rahmen eines Disputs, den Albert Einstein und Niels Bohr über fast drei Jahrzehnte miteinander führten. Dieser (friedliche) Streit zwischen zwei Titanen der Physik spielte sich zunächst in privaten Gesprächen, später auf Kongressen und schließlich in Form wissenschaftlicher Publikationen ab. Er gehört mit zum Spannendsten, was es in der wissenschaftlichen Literatur gibt (Carsten Held hat den Disput 1998 in einem Buch ausführlich im Licht der modernen Quantenphysik geschildert und kommentiert), und er beschäftigt sogar heute noch die Gemüter derer, die in der Lage sind, diese schwierigen Themen zu verstehen. Kein Wunder, dass auch der Dalai Lama von dem Gegenstand fasziniert ist.

Mehrmals eskalierte der Streit zwischen Einstein und Bohr in der Öffentlichkeit, so auf den berühmten Solvay-Kongressen in Brüssel in den Jahren 1927 und 1930. Viele Jahre später schrieb Bohr im Rückblick auf die Tagung 1927: Wir waren »zu dieser Sitzung … mit großer Spannung gekommen, um Einsteins Reaktion auf den neuesten Stand der Entwicklung zu erfahren, der unserer Ansicht nach eine befriedigende Klärung der Probleme gebracht hatte, die von ihm selbst zuerst so scharfsinnig aufgeworfen worden waren«. Und Armin Hermann schreibt: »Wie üblich gab es vorbereitete Referate zum Rahmenthema ›Elektronen und Photonen‹ mit anschließender Aussprache. Die wichtigsten Diskussionen fanden aber nicht im Konferenzraum statt, sondern bei den Mahlzeiten und auf dem Weg vom Hotel zum ›Institut Solvay‹. Diese Gespräche wurden zu einem Dialog und Duell zwischen Einstein und Bohr. Es war ein Kampf zwischen Titanen. Auch sonst tonangebende Physiker spielten da nur eine Statistenrolle.« Man kann es sich richtig gut vorstellen, wie angesehene Herren, die es sonst gewohnt waren, dass man zu ihnen aufblickte, an den Lippen der beiden Großmeister hingen. Der Physiker Paul Ehrenfest, der die Daheimgebliebenen über alle Neuigkeiten informierte, berichtete in einem Brief an seine Kollegen Samuel Goudsmit, George E. Uhlenbeck und Gerhard Heinrich Dieke: »Schachspielartig. Einstein immer neue Beispiele. Gewissermaßen perpetuum mobile zweiter Art, um die Ungenauigkeitsrelation zu durchbrechen. Bohr stets aus einer dunklen Wolke von philosophischem Rauchgewölke die Werkzeuge heraussuchend, um Beispiel nach Beispiel zu zerbrechen. Einstein wie die Teuferl in der Box: Jeden Morgen wieder frisch herausspringend. Oh, das war köstlich.«

Bohr dachte über Einsteins Ideen jeweils gründlich nach und versuchte sie dann zu entkräften – manchmal, indem er sich seinerseits ein neues Gedankenexperiment ausdachte. Paul Ehrenfest schrieb Einstein in einem Brief: »Ich weiß, dass kein lebender Mensch so tief in die eigentlichen Abgründe der Quantentheorie geblickt hat wie ihr zwei, und dass niemand außer euch wirklich sieht, wie vollkommen radikal neue Konzeptionen nötig sind.«

Ein Beispiel mag verdeutlichen, wie das Pro und Contra ablief. Um Heisenbergs Unschärferelation für die gleichzeitige Messung von Energie und Zeit zu umgehen, dachte sich Einstein folgende Versuchsanordnung aus: Man nehme einen Kasten mit einem verschließbaren Loch an der Seite. Ein Uhrwerksmechanismus in dem Kasten kann dieses Loch für einen winzigen Augenblick öffnen und ein Photon herauslassen. Die Uhr gibt dafür den genauen Zeitpunkt an. Die Energie des Photons lässt sich dadurch ermitteln, dass man den Kasten vorher und nachher wiegt und die Massendifferenz herausfindet. Denn nach Einsteins Formel $E = mc^2$ ist ja bekanntlich jede Energiemen-

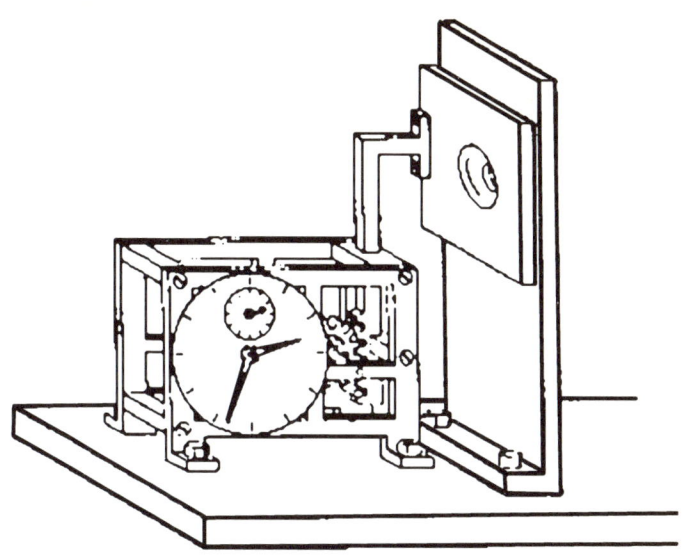

Abb. 12: Einsteins Gedankenexperiment im Bild. Die Zeichnung stammt von Niels Bohr, im Foto festgehalten wurde sie von Ehrenfest.

ge E äquivalent zu einer Masse m. Wenn nun also der Kasten nach dem Herausfliegen des Photons um einen bestimmten Betrag leichter geworden ist, lässt sich dieser Wert umrechnen in die Energie des herausgeflogenen Photons. Somit ließen sich mit diesem Experiment sowohl die Uhrzeit der Messung als auch die Energie des Photons beliebig genau bestimmen, die Unschärferelation wäre damit überlistet.

Klingt einleuchtend, nicht wahr? Niels Bohr dachte darüber nach und konterte schließlich mit folgender Gegenargumentation: Wie könnte man den Kasten wiegen? Vielleicht mit einer Federwaage. Das heißt, man hängt den Kasten an die Federwaage, und wenn er leichter wird, geht er entgegen der Schwerkraft ein Stückchen nach oben. Er bewegt sich also und mit ihm die eingebaute Uhr.

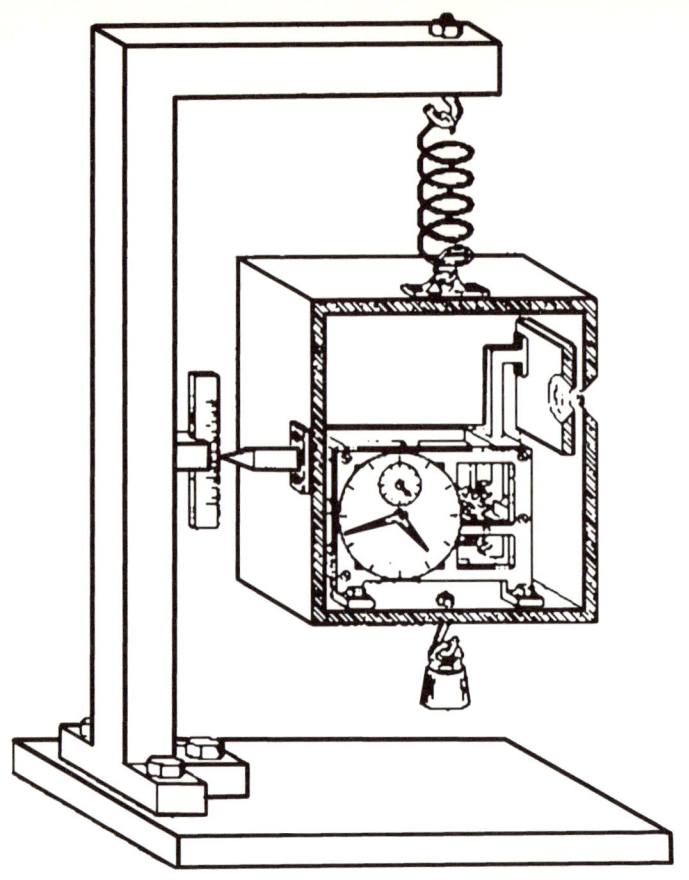

Abb. 13: Und so ist Bohrs Entgegnung: Man müsste den Kasten wiegen. Zeichnung wieder von Niels Bohr, Foto von Ehrenfest. Quelle: http://www.emr.hibu.no/lars/eng/schilpp/Default.html

Nach Einsteins Allgemeiner Relativitätstheorie gehen bewegte Uhren anders als ruhende, und zwar abhängig von der Bewegung. Da man aber nicht genau weiß, wie schnell die Uhr bewegt wurde, da man die Masse des Photons ja noch nicht kennt, lässt sich der Zeitpunkt der Messung nicht genau feststellen. Niels Bohr war bei dieser Entgegnung besonders raffiniert, da er gerade die wichtigste Theorie des Gegners zur Entkräftung heranzog, nämlich Einsteins Relativitätstheorie. Einstein akzeptierte diese Entgegnung und zweifelte danach die Unschärferelation nicht mehr an, sondern zog sie in seine Argumentationen mit ein. Aber zu Ende war der Disput zwischen ihm und Bohr noch lange nicht.

In den darauf folgenden Jahren verlor die Debatte allerdings etwas an Intensität; Einstein hatte sich zwar von der uneingeschränkten Gültigkeit der Quantenphysik noch immer nicht überzeugen lassen, zwischendurch standen für ihn aber zunächst andere Probleme im Vordergrund: Im Jahr 1933, als Hitler die Macht ergriff, übersiedelte er in die USA. Erst später veröffentlichte er wieder ein Gedankenexperiment: Im Jahr 1935 erschien in der Zeitschrift ›Physical Review‹ ein Artikel, den er zusammen mit zwei weiteren Physikern verfasst hatte, mit dem Russen Boris Podolsky und dem Amerikaner Nathan Rosen. Die beiden wären ohne diese Veröffentlichung sicherlich schnell wieder vergessen worden, aber so gingen sie mit dem »Einstein-Podolsky-Rosen-Paradoxon« in die Annalen der Physik ein. Heute benutzt man dafür fast nur noch die Abkürzung der Anfangsbuchstaben der drei Autoren: EPR.

Einstein führte im Grunde nur das soeben geschilderte Kastenexperiment weiter aus. Da er inzwischen Heisenbergs Unschärferelation akzeptierte, musste er zugeben, dass es nur möglich ist, entweder die Masse des entweichenden Photons und damit seinen Impuls oder den Zeitpunkt des Entweichens ganz exakt zu bestimmen. Daran knüpfte er nun aber folgende Überlegung an: Das Photon ist also aus dem Kasten entkommen und mit Lichtgeschwindigkeit davongeflogen. Erst nachträglich entscheidet der Beobachter, welche Messung er machen will. Er hat zwei Möglichkeiten: Entweder er schaut auf die Uhr im Kasten, dann kennt er den genauen Zeitpunkt, wann das Photon losgeflogen ist. Daraus kann er – weil es sich mit Lichtgeschwindigkeit bewegt – ausrechnen, an welchem Ort es sich jetzt genau befindet. Oder er wiegt den Kasten und kann so die Masse des Photons bestimmen und damit seinen Impuls, der das Produkt aus Masse und Geschwindigkeit ist. Da man beides alternativ messen könnte, muss das Photon auch beides besitzen, also sowohl einen bestimmten Ort als auch einen bestimmten Impuls haben.

Das Besondere an diesem Gedankenexperiment ist, dass der Beobachter Aussagen über das entwichene Photon machen kann – also etwa seinen Impuls bestimmen –, ohne »irgendetwas« mit ihm »zu machen«, wie Einstein schreibt, denn er betrachtet ja nur den Kasten und nicht das Photon. Es ist eine verzögerte Entscheidung des Beobachters, bei der er lange nach dem Ereignis und weit vom Photon entfernt festlegen kann, welche von zwei Eigenschaften des Photons er ermitteln will, deren genaue Messung sich gegenseitig ausschließt.

Bohrs Assistent Léon Rosenfeld nahm 1933 an einer Diskussion in Brüssel teil, bei der Einstein seine Gedanken bereits mündlich darlegte. Rosenfeld berichtete später darüber, wobei er den Tatbestand etwas allgemeiner formulierte und dabei das Paradoxe daran herausarbeitete. In diesem Fall ging es nicht mehr um den Kasten, sondern um zwei Teilchen, die aufeinander zufliegen und zusammenstoßen. Aus dem Energie- und Impulserhaltungssatz folgt, dass nach dem Zusammenstoß die Gesamtenergie und der Gesamtimpuls beider Teilchen zusammen ebenso groß sein müssen wie vorher. Deshalb lässt sich aus den Daten des einen Teilchens berechnen, welche Energie beziehungsweise welchen Impuls das andere haben muss.

Carsten Held hat Rosenfelds Bericht ins Deutsche übersetzt: »Was würden Sie zu folgender Situation sagen?‹, fragte er [Einstein] mich. ›Nehmen Sie an, zwei Teilchen werden aufeinander zu in Bewegung gesetzt mit demselben, sehr großen Impuls, und sie wechselwirken miteinander für sehr kurze Zeit. Betrachten Sie nun einen Beobachter, der eines der Teilchen weit weg vom Gebiet der Wechselwirkung erwischt und seinen Impuls misst; dann kann er aus den Bedingungen des Experiments offensichtlich den Impuls des anderen Teilchens erschließen. Wenn er jedoch entscheidet, die Position des ersten Teilchens zu messen, dann wird er in der Lage sein zu sagen, wo das andere ist. Dies ist ein ganz korrekter und einfacher Schluss aus den Prinzipien der Quantenmechanik; aber ist er nicht sehr paradox? Wie kann der Endzustand des zweiten Teilchens beeinflusst werden durch eine Messung, die am ersten durchgeführt wird, nachdem alle physikalische Wechselwirkung zwischen ihnen aufgehört hat?‹« Naiv könnte man sich vorstellen, dass die beiden Teilchen durch eine Art Telepathie miteinander in Verbindung stehen, aber dies würde allen physikalischen Gesetzen widersprechen.

Einstein hat hier ein Phänomen zur Sprache gebracht, das wir heute mit dem Namen »Verschränkung« bezeichnen: Es gibt Teilchen – oder allgemeiner gesagt Systeme –, die durch ein unsichtbares Band miteinander in Verbindung stehen, wie die beiden Teilchen in dem geschilderten Experiment.

Bei seinem Erscheinen 1935 wurde der Artikel von Einstein, Podolsky und Rosen zunächst nicht sonderlich ernst genommen, ja sogar lächerlich gemacht, etwa vom damals 35-jährigen Wolfgang Pauli, der an den gleichaltrigen Werner Heisenberg schrieb: »Einstein hat sich wieder einmal zur Quantenmechanik öffentlich geäußert ... gemeinsam mit Podolsky und Rosen – keine gute Kompanie übrigens ... Immerhin möchte ich zugestehen, dass ich, wenn mir ein Student in jüngeren Semestern solche Einwände

machen würde, diesen für ganz intelligent und hoffnungs-
voll halten würde.« Dieses Zitat zeigt deutlich, dass manche aus der jüngeren Physikergeneration Einstein damals
schon zum alten Eisen rechneten. Andere nahmen ihn immer noch sehr ernst. So fühlte sich der 48-jährige Erwin
Schrödinger – der die Quantenmechanik in eine mathematische Form brachte und damit unsterblich wurde –
durch Einsteins Überlegungen zu einer Zuspitzung seiner
Theorie veranlasst, und Niels Bohr verfasste eine ausführ-
liche Erwiderung auf den Artikel. Er betonte darin: »Es ist
notwendig, endlich auf das klassische Kausalitätsideal zu
verzichten und unsere Haltung gegenüber dem Problem
der physikalischen Wirklichkeit von Grund auf zu revi-
dieren.« Die Vorstellung also, die tief in unseren Köpfen
verankert ist, dass alles, was geschieht, eine Ursache und
eine Wirkung haben muss, wird von der Quantenphysik
in Frage gestellt. Dazu auch noch die Vorstellung der »Lo-
kalität« – die Idee also, dass Vorgänge, die zusammenhän-
gen, auch am gleichen Ort stattfinden müssen. Hier war
nun zum ersten Mal ein Experiment ausgedacht worden,
das die Eigenschaften von zwei Teilchen miteinander verknüpfte, ohne dass sich die beiden am gleichen Ort befinden mussten.

Einstein ließ sich zeitlebens nicht davon überzeugen,
dass die Quantenmechanik die Welt vollständig beschrei-
be. Viele Jahre nach seinen Auseinandersetzungen mit
Bohr schrieb er noch einmal zusammenfassend in einem
Brief an seinen Kollegen Max Born: »In unserer wissenschaftlichen Erwartung haben wir uns zu Antipoden entwickelt. Du glaubst an den würfelnden Gott und ich an
volle Gesetzlichkeit in einer Welt von etwas objektiv Sei-
endem, das ich auf wild spekulativem Wege zu erhaschen
suche. Ich glaube fest, aber ich hoffe, dass einer einen
mehr realistischen Weg beziehungsweise eine mehr greif-
bare Unterlage finden wird, als es mir gegeben ist. Der

große anfängliche Erfolg der Quantentheorie kann mich doch nicht zum Glauben an das fundamentale Würfelspiel bringen, wenn ich auch wohl weiß, dass die jüngeren Kollegen dies als Folge der Verkalkung auslegen. Einmal wird sich's ja herausstellen, welche instinktive Haltung die richtige gewesen ist.«

Zwischen den Zeilen kann man hier lesen: Wartet es nur ab, eines Tages werde ich mit meiner instinktiven Haltung schon noch Recht bekommen.

Aber genau umgekehrt ist es eingetroffen. Im Jahr 1964 gelang es dem amerikanischen Forscher John S. Bell, auf mathematischem Wege zu zeigen, dass alle Annahmen von »verborgenen Variablen« Voraussagen ergeben, die nicht im Einklang mit der Quantentheorie stehen. Damit hat er Einsteins Vermutung widerlegt, der ja geglaubt hatte, dass die Quantenphysik nicht vollständig sei, sondern die Welt durch bisher noch verborgene Größen endgültig und vollständig erklärt werden könne. Die »Bell'sche Ungleichung«, wie der Beweis von Bell genannt wird, brachte die Quantentheorie ein großes Stück voran, gab sie doch vielen Physikern den Mut, die eigenartigen Phänomene, die man in den Gedankenexperimenten gefunden hatte, auch experimentell zu untersuchen.

Beim EPR-Gedankenexperiment ging es letztlich um die Vorstellung von »verschränkten« Teilchen, die durch eine »spukhafte Fernwirkung« miteinander in Verbindung stehen. Was Einstein damals – vergeblich – als Einwand gegen die Quantenmechanik vorbrachte, ist heute kurioserweise eines der schlagkräftigsten Argumente für diese Theorie. Das Phänomen der verschränkten Teilchen wurde zur Grundlage für die Teleportation.

Worum geht es dabei genau? Man will ein Objekt an einem Ort verschwinden und identisch an einem anderen wieder auftauchen lassen. Dazu müsste man – klassisch betrachtet – alle Informationen über das Objekt genau aufnehmen und an den zweiten Ort übermitteln, etwa Angaben über alle Atome des Objekts, ihre Energie und ihre Position. Am Zielort ließe sich dann aus diesen Angaben eine perfekte Kopie des Ausgangsobjekts herstellen, indem man entsprechende Atome in der richtigen Position und mit der passenden Energie zusammenfügt.

Dieses Verfahren erfordert bei größeren Objekten die Messung und Übermittlung einer Unzahl von Informationen. Samuel L. Braunstein von IBM schätzt, dass es sich bei einem Menschen um mindestens 10^{32} Informationen handelt, dies ist eine Zahl mit 32 Nullen. Zur Übermittlung dieser gigantischen Informationsmenge durch ein Glasfaserkabel benötigte man rund hundert Millionen Jahre. Abgesehen davon spricht auch die Heisenberg'sche Unschärferelation dagegen. Somit schien eine vollständige Erfassung aller Daten des Objekts unmöglich zu sein.

Im Jahr 1993 fand jedoch der IBM-Forscher Charles H. Bennett zusammen mit fünf Kollegen eine Möglichkeit, mit der zumindest theoretisch die vollständige Übertragung eines Gegenstands von einem Ort zum anderen möglich sein musste. Sie umgeht die Heisenberg'sche Unschärferelation, indem sie mit einem bestimmten System jedes Teilchen des Objekts misst und dann die so erhaltene Information über den Zustand der Teilchen – sozusagen geheim, also ohne sie selbst zu kennen – an ein mit dem ersten verschränktes System weiterleitet. Erst aus einer zweiten Messung dort entsteht das teleportierte Objekt neu.

Seit Bennett seine Idee veröffentlichte, beschäftigen sich Forschungslabors auf der ganzen Welt mit der experimentellen Erprobung dieser Teleportation. Einsteins Gedankenexperiment sollte Wirklichkeit werden und auf diese Weise den Streit schlichten, ob die »spukhafte Fernwirkung« nun wirklich existiert oder nicht. Und in der Tat: Am Freitag, dem 4. Juli 1997, genau um 15.12 Uhr, schickte Gilles Brassard, Professor an der Universität Montreal, eine E-Mail an seine Kollegen von der Fakultät. Sie lautete:

»Große Neuigkeit!
Francesco de Martini von der Sapienza in Rom hat gerade bekannt gegeben, dass ihm heute Morgen um sechs die erste (Quanten-)Teleportation gelungen ist!
Gilles
PS: Es handelt sich um Photonen. Polarisation in ET-Richtung (eine Idee von Popescu).«

Zehn Wochen später, am 19. September desselben Jahres, ließ Anton Zeilinger aus Innsbruck einige ausgewählte Kollegen – de Martini war nicht dabei – ebenfalls per E-Mail Folgendes wissen:

»Liebe Kollegen:
Sie als Urheber des Teleportationspapiers werden erfreut sein zu hören, dass wir Ihren Vorschlag nun endlich erfolgreich in die Tat umsetzen konnten.«
Dann beschreibt er das Experiment und endet: *»Die Daten sind sehr grob, aber der Effekt ist klar sichtbar. Wir arbeiten daran, die Daten zu verbessern und neue, zusätzliche Messungen zu machen. Aber die Datenrate ist schrecklich niedrig. Typischerweise haben wir nur eine Dreifach-Koinzidenz pro Sekunde.«*

Beide, das Team in Rom und das in Innsbruck, reichten ihre Ergebnisse zur Veröffentlichung bei einer wissenschaftlichen Zeitschrift ein, denn nur der, der zuerst veröffentlicht, bekommt den Ruhm. Anton Zeilinger gab seinen Artikel am 16. Oktober 1997 an ›Nature‹, wo er im Dezember abgedruckt wurde (Bouwmeester et al. 1997, ›Nature‹ 390 575). De Martini hatte offenbar weniger

Glück; sein Papier, das er im Juli 1997 bei den ›Physical Review Letters‹ einreichte, wurde dort erst im Januar 1998 abgedruckt (D. Boschi et al. 1998, ›Physical Review Letters‹ 80 1121). So ist es nicht verwunderlich, dass Zeilinger als derjenige gilt, dem die Teleportation als Erstem gelungen ist. Diese Unstimmigkeit bei der Entdeckung sowie einige physikalische Einzelheiten führten in der Folge zu giftigen Briefen zwischen den beiden Forschern.

Egal wer es als Erster geschafft hatte, es war nun jedenfalls gelungen, einen Quantenzustand zu teleportieren. Aber was heißt in diesem Fall »Quantenzustand?« Woran soll man ein Quant, also ein Photon, erkennen? Nun, man kann es anhand seiner Größe erkennen, also messen, welche Energie es hat. Ansonsten bleibt nicht viel, womit man ein Photon beschreiben könnte, außer einer Eigenschaft, die man »Polarisation« nennt. Sie charakterisiert im Allgemeinen Wellen: Sie gibt an, in welche Richtung quer zur Ausbreitungsrichtung die Welle schwingt. So kann man beispielsweise mit einem Seil Wellen schlagen, indem man es nach oben und unten bewegt. Dies wäre dann eine vertikal polarisierte Welle. Erzeugt man die Welle, indem man das Seil von rechts nach links und zurück schwingt, ergibt sich eine Welle, die horizontal polarisiert ist. Natürlich gibt es auch alle möglichen anderen Winkel, unter denen das Seil bewegt werden kann. Die Polarisationsebene entspräche dann jeweils diesem Winkel, und die Polarisationsrichtung ließe sich als Mischung von vertikal und horizontal polarisierter Welle auffassen. Würde man das Seil im Kreis herumschwingen, würde der Physiker die entstehende Welle »zirkular polarisiert« nennen.

All dies gibt es auch beim Photon. Es kann, wie wir ja schon wissen – obwohl es ja eigentlich ein Teilchen ist –, auch als Welle auftreten und dann ebenso wie unsere Seilschwingung eine bestimmte Polarisation besitzen. Man kennt das Phänomen von den Polaroid-Sonnenbrillen, die nur einen Teil der Lichtstrahlen (oder -teilchen) hindurchlassen, nämlich die, welche eine bestimmte Polarisationsrichtung besitzen. Die Brillen wirken also ähnlich wie eine Jalousie.

Schon fünfzehn Jahre vor Zeilinger gelang dem französischen Physiker Alain Aspect mit Hilfe dieser Polarisation ein anderes Experiment, das ebenfalls als Jahrhundertexperiment gilt. Dazu benutzte er ähnliche Polarisationsfilter, wie sie in der Brille stecken.

Man kann die Polarisation als eine Eigenschaft des Lichts auffassen, die eine bestimmte Richtung im Raum definiert. Der Physiker John Gribbin hat ein einleuchtendes Bild dafür gefunden: Es ist, so schreibt er, »als trügen die Photonen lange Speere«. Und er erklärt dann ein »Polarisationsfilter«, wie man es in der Sonnenbrille findet, so, als bestünde es aus gleichmäßig angeordneten Stäben: »Alle Photonen, die ihre Speere quer vor der Brust tragen, können zwischen den Stäben hindurchschlüpfen und werden von Ihren Augen gesehen; alle Photonen, die ihre Speere hoch halten, können durch die schmalen Spalten nicht hindurch und werden abgeblockt. In normalem Licht kommen alle Arten der Polarisation vor – die Speere der Photonen weisen die unterschiedlichsten Neigungswinkel auf.«

Die Polarisation eines Teilchens ist eine quantenmechanische Ja/Nein-Eigenschaft. Das Teilchen ist entweder in eine Richtung polarisiert oder nicht, es kann nie in beide Richtungen gleichzeitig polarisiert sein. Richtet man also beispielsweise einen Lichtstrahl auf ein Polarisationsfilter, so wirkt dies wie die oben geschilderte Jalousie: Die Photonen, deren Speer parallel zu den »Lamellen« steht, kommen durch, die anderen nicht. Die Photonen, die hinter einem Filter ankommen, sind also alle in eine bestimmte Richtung polarisiert, die parallel zu den Lamellen dieses Filters läuft.

Angenommen, diese Richtung soll waagrecht sein. Baut man nun hinter dem ersten Filter ein zweites auf, dessen Lamellen senkrecht stehen, werden alle Photonen abgeblockt, da ihre Polarisationsrichtung ja waagrecht ist. Mit zwei zueinander senkrecht stehenden Polarisationsfiltern kann man also jeden Lichtstrahl zu hundert Prozent unterbrechen.

Nun gibt es aber eine Erweiterung dieses Experiments, die ein verblüffendes Ergebnis erbringt, das nur mit Hilfe der Quantenmechanik zu verstehen ist. Angenommen, man stellt zwischen die beiden Filter ein drittes, dessen Lamellen mit denen des ersten Filters einen Winkel von 45 Grad bilden. Die dort ankommenden Photonen haben einen Polarisationswinkel, der von dem der Lamellen um 45 Grad abweicht, das heißt, nach der klassischen Vorstellung dürfte keines der Photonen hindurchgehen. Das Experiment zeigt aber, dass in Wirklichkeit im Durchschnitt fünfzig Prozent der Photonen durchkommen. Dies lässt sich erklären mit der quantenmechanischen Wahrscheinlichkeit. Sie gibt nämlich jedem Teilchen die fünfzigprozentige Chance, das Filter zu durchdringen.

Und es gibt noch eine zweite Merkwürdigkeit: Die Polarisationsebene der durchgekommenen Photonen ist parallel zu den Lamellen des zweiten Filters ausgerichtet, also auch um 45 Grad gedreht. (In der Optik lässt sich dieses Phänomen auch mit den elektromagnetischen Wellengleichungen des Lichts erklären, man kommt dann zum selben Ergebnis. Aber da das Phänomen auch für Teilchen gilt, etwa Elektronen, die man im Allgemeinen nicht mit einer elektromagnetischen Wellengleichung beschreibt, ist die quantenmechanische Deutung besser.)

Diese Photonen – es sind noch die Hälfte der ursprünglich losgeschickten – kommen nun also an dem hinteren Filter an, das senkrecht zum ersten und im Winkel von 45 Grad zum zweiten steht. Und wie schon beim zweiten Filter geht auch hier wieder die Hälfte der Photonen hindurch, die danach senkrecht polarisiert sind. Es ergibt sich also insgesamt ein paradoxes Resultat: Stellt man dem Licht zwei gekreuzte Filter in den Weg, kommt keines der Photonen hindurch, stellt man aber dazwischen noch ein drittes, gedrehtes Filter, kommen am Ende ein Viertel aller Photonen an. Wie sich ein einzelnes Photon verhält, lässt sich auch in diesem Experiment, ebenso wenig wie beim Doppelspalt, vorhersagen, man kennt nur die Wahrscheinlichkeit, mit der es die Anordnung durchdringt oder nicht. Was zwischen den Filtern wirklich geschieht, darüber lässt sich keinerlei Aussage treffen. Das Einzige, was man sicher weiß, ist, dass die durchgelassenen Photonen hinter dem letzten Filter in dessen Richtung polarisiert sind.

Wenn man bei dem Bild der Jalousie bleibt, könnte man im klassischen Sinne sagen: Jedes Photon, das parallel zu den Lamellen der Jalousie polarisiert ist, geht hindurch, jedes, das senkrecht dazu polarisiert ist, geht nicht hindurch, alle anderen Winkel passieren das Filter mit einer bestimmten Wahrscheinlichkeit. In der Ausdrucksweise der Quantenmechanik hingegen würde man sagen: Bevor ein Photon die Jalousie trifft, lässt sich nicht sagen, ob es durchgelassen wird oder nicht, denn das steht vorher objektiv noch nicht fest. Die Jalousie (beziehungsweise das Filter) wirkt also wie ein Messgerät, das entscheidet: durchgelassen (ja) oder nicht durchgelassen (nein).

Vielleicht muss man ein wenig verrückt sein, um Spaß daran zu finden, sich in die Paradoxien der Quantenphysik zu vertiefen, zumindest aber sollte man eine gewisse Besessenheit für das Thema mitbringen. Es fällt auf, dass in der Geschichte der Quantenmechanik immer wieder Forscher eine Rolle spielten, die man heutzutage als »schräge Vögel« bezeichnen würde. Einer von ihnen ist Dr. Avshalom Elitzur. Dass sein Doktortitel hier ausdrücklich mit genannt wird, hat einen besonderen Grund: Dr. Elitzur hat nämlich weder studiert noch die Ausbildung an einer höheren Schule abgeschlossen. Sein Lebensweg ist so unkonventionell, dass man nicht erwarten würde, hier einen ernsthaften Forscher und Universitätslehrer anzutreffen.

Zwei Jahre nachdem er 1957 im Iran geboren wurde, wanderten seine Eltern nach Israel aus. Im Rückblick schildert er seine Kindheit als nicht besonders glücklich, sich selbst als introvertierten Jungen, der am liebsten Geschichten las. Auch als er mit sechzehn die Schule schmiss, fuhr er fort, exzessiv viel zu lesen, vor allem Bücher über Naturwissenschaft, Psychologie und Philosophie.

Als er zwanzig wurde, beschloss er, nun sei es an der Zeit, ein eigenes Buch zu schreiben. Und da sein Selbstbewusstsein offenbar nicht gerade klein war, machte er sich daran, eine psychoanalytische Interpretation der Bibel und des Judentums zu verfassen. Das Manuskript nahm nach und nach ungeheure Ausmaße an, und natürlich fand der völlig unbekannte Autor keinen Verleger, der bereit war, das Werk auf den Markt zu bringen. Nebenbei beschäftigte sich Elitzur autodidaktisch mit Fragen der Quantenphysik, und er schrieb eine Abhandlung, die vorgab, deren Paradoxien lösen zu können. Heute kommentiert er dieses Ansinnen mit dem Satz: »Man muss in den Zwanzigern sein, um sich eine solche Überheblichkeit zu leisten.«

Damals jedenfalls schickte er die Arbeit unverdrossen an mehrere Physiker, darunter auch an den greisen Nathan Rosen, der einst zusammen mit Einstein und Podolsky das EPR-Paradoxon entwickelt hatte. Ihm schrieb Elitzur auf das Deckblatt der Abhandlung: »Sehr geehrter Herr, der Sie das berühmte R von EPR sind; ich bitte Sie, lesen Sie diesen Aufsatz und zögern Sie nicht, mir zu sagen, ich sei zu weit gegangen.« Rosen hat tatsächlich geantwortet, und Elitzur hat seinen Brief bis heute aufbewahrt. Er ist in Englisch maschinengeschrieben und trägt eine handschriftliche Anmerkung des Meisters in Hebräisch: »Ich finde es sehr gut, dass Sie Zeit und Gedanken in die Quantenmechanik investieren, und wünsche Ihnen Erfolg für die Zukunft.«

Diesen Erfolg hatte der schwarz gelockte Israeli mit dem Uri-Geller-Blick in den darauf folgenden Jahren tatsächlich: 1987 brachte er sein Buch über die Bibel im Selbstverlag heraus, und es wurde über Nacht zum Bestseller. Er begann in Physik zu promovieren, und 1993 gelang ihm zusammen mit Lev Vaidman ein Coup, der ihn weltberühmt machen sollte: Die beiden Forscher dachten sich ein Gedankenexperiment aus, das zeigte, wie man eine Quantenmessung berührungsfrei durchführen kann, oder anders ausgedrückt, wie man etwas sehen kann, ohne es anzuschauen – heute ein Klassiker der Quantenphysik.

Wie beim Experiment mit dem Doppelspalt gibt es inzwischen die unterschiedlichsten Versionen: Der eine sucht im Hütchenspiel nach einer Murmel, die sofort in Staub zerfällt, wenn sie auch nur von einem einzigen Photon getroffen wird, ein anderer will einen empfindlichen Film aussortieren, der von keinem Lichtstrahl belichtet werden darf, wieder andere versuchen Gefäße mit Knallgas, die beim kleinsten Lichteinfall explodieren, zwischen gleich aussehenden zu finden. Elitzur und Vaidman, die offenbar einen besonderen Sinn für Dramatik besitzen, haben das Experiment anhand einer Bombe geschildert, die sofort hochgeht, wenn sie von einem einzigen Photon getroffen wird. Die Frage heißt: Wie hat man wenigstens eine geringe Chance, die Bombe zu finden, ohne dass man in die Luft fliegt?

Um dies zu erreichen, benutzten die beiden Forscher eine Anordnung, die unter dem Namen »Interferometer« bekannt ist. Im Prinzip bringt ein solcher Apparat zwei

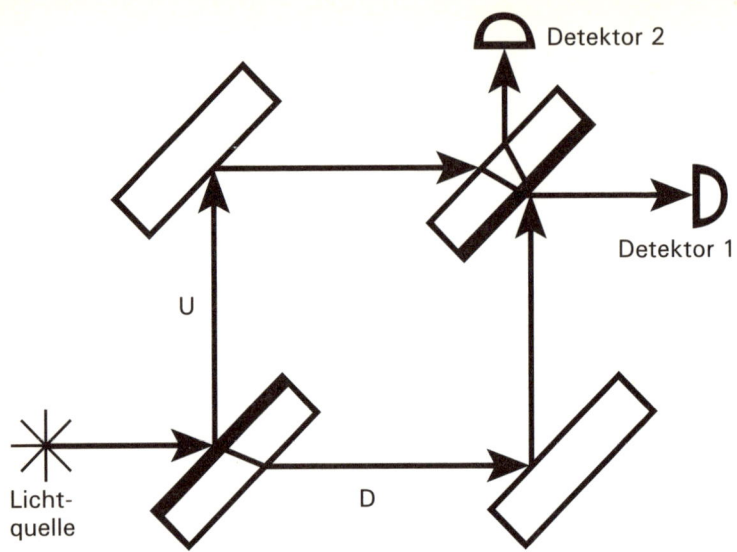

Abb. 14: Grundprinzip des Interferometers, bestehend aus vier Spiegeln. Die Spiegel links unten und rechts oben wirken als Strahlteiler: Sie lassen die Hälfte des Lichts hindurch, die andere Hälfte wird umgelenkt. Der Detektor 1 rechts entspricht D_{hell} im Text, der Detektor 2 oben entspricht D_{dunkel}.
Quelle: http://www.upscale.utoronto.ca/GeneralInterest/Harrison/Locality/Locality.html

Wellen dazu, sich zu überlagern. Wir kennen diesen Überlagerungseffekt schon vom Doppelspalt. Auch dort interferieren zwei Lichtstrahlen miteinander und ergeben ein Muster aus hellen und dunklen Streifen.

Das Interferometer, das die Bombe entdecken soll, besteht aus einer Lichtquelle, die einzelne Photonen aussenden kann, zwei so genannten Strahlteilern, die jeweils nur fünfzig Prozent des Lichts hindurchlassen, zwei Spiegeln und zwei Detektoren. Das Licht wird durch den ersten Strahlteiler in die zwei Wellenzüge aufgespalten, diese über die Spiegel umgelenkt und im zweiten Strahlteiler wieder vereinigt. Dort überlagern sich die beiden Wellen-

80

züge, wenn man die Abstände richtig einstellt, so, dass sie sich gegenseitig verstärken und im Detektor D_{hell} ein Signal auslösen. Entsprechend löschen sie sich auf dem Weg zum anderen Detektor D_{dunkel} gegenseitig aus, dort gibt es also kein Signal.

Ebenso wie beim Doppelspalt kann das Photon jeden der beiden möglichen Wege nehmen, und zwar mit einer Wahrscheinlichkeit von fünfzig Prozent. Welchen Weg es tatsächlich nimmt, wissen wir aber nicht. Wo es ankommt, erfahren wir durch das Ansprechen des Detektors. Wie wir beim Doppelspalt schon gesehen haben, tritt diese Überlagerung nur dann auf, wenn man das Photon nicht dabei beobachtet, welchen Weg es nimmt. Das gilt auch für das Bombenexperiment. Lässt sich irgendwie feststellen, welchen Weg das Photon genommen hat, bleibt die Überlagerung aus.

Dieses Phänomen nutzten Elitzur und Vaidman aus. Sie legten die Bombe in den einen Strahlengang. Nimmt nun das Photon den Weg U, so trifft es die Bombe und bringt sie zur Detonation. Dies geschieht aber nur in der Hälfte der Fälle, so dass man eine gute Chance hat, dem zu entrinnen. Denn nimmt das Photon Weg D, trifft es die Bombe nicht. Aber da nun Weg U und D unterscheidbar sind, tritt am zweiten Strahlteiler auch keine Interferenz mehr auf. Die Folge: Das Photon verlässt diesen Strahlteiler ganz zufällig, also wieder mit einer Wahrscheinlichkeit von fünfzig Prozent, in einer der beiden Richtungen. In 25 Prozent aller Fälle kommt nun also ein Photon im Detektor D_{dunkel} an.

Was kann man daraus schließen? Spricht D_{hell} an, weiß man nicht, ob eine Bombe da ist oder nicht. Geht die Bombe hoch, ist alles klar, aber geht die Bombe nicht hoch und D_{dunkel} spricht an, dann kann man sicher sein, dass die Bombe da ist. Man hat sie gesehen, ohne sie anzuschauen. 1993, als Elitzur und Vaidman diese Überlegungen veröffentlichten, handelte es sich noch um ein reines Gedankenexperiment. Zwei Jahre später jedoch gelang es Paul Kwiat, Harald Weinfurter, Anton Zeilinger und Thomas Herzog, das Experiment in die Tat umzusetzen.

Und es funktionierte genau wie vorhergesagt. Die Forscher begannen nun, den Versuchsaufbau mit einer Vielzahl von Umbauten und Tricks zu verfeinern und auf diese Weise die Wahrscheinlichkeit zu erhöhen, dass D_{dunkel} anspricht und gleichzeitig die Bombe nicht hochgeht. Bis zum Jahr 1997 hatten sie und andere Teams »einen Wirkungsgrad von siebzig Prozent erreicht, hoffen aber bald bis auf 85 Prozent zu kommen«, so die Forscher.

Ironie des Schicksals ist, dass diese Versuche ausgerechnet im Los Alamos National Lab gemacht wurden, der Atombombenschmiede der USA. Aber natürlich hatten die Wissenschaftler den Versuch von Anfang an nicht mit Bomben, sondern mit anderen Hindernissen durchgeführt.

So erlaubt es die Quantenphysik also, etwas zu sehen, ohne es anzuschauen. Man kann sogar Fotos davon machen, ebenfalls, ohne es anzuschauen. Anton Zeilinger und seine Kollegen spekulierten bereits 1997 darüber, wie man Fotos mit Photonen machen könnte, die das fotografierte Objekt nie getroffen haben, oder wie man lebende Zellen mit Röntgenstrahlen abbilden kann, die sie töten würden, wenn sie die Zellen wirklich träfen. Auch die Bose-Einstein-Kondensate (siehe Kapitel 5) könnte man mit dem Verfahren – ohne auftreffende Photonen – fotografieren. Das wäre wichtig, denn diese seltsame Art von Materie ist so kalt, dass ein einziges Photon, das sie trifft, sie schon aufheizen könnte.

Welche Genugtuung musste es für Avshalom Elitzur gewesen sein, als er erfuhr, dass sein verrücktes Gedankenexperiment nun auch in der Realität funktioniert hatte!

Inzwischen wird es in zahllosen Varianten überall auf der Welt durchgeführt. Und, so Elitzur: »Meines Wissens ist es das einzige Phänomen der Quantenmechanik, über das die Leute lachen.« Aber es gab noch einen weiteren Triumph für den ehemaligen Schulversager: Im November 2001 wurde er als Teilnehmer zur 22. Solvay-Konferenz eingeladen. Dass er, der nicht einmal Abitur hatte, auf einer der berühmtesten Physik-Konferenzen der Welt sprechen durfte, die so weltbekannte Dispute erlebt hatte wie einst den zwischen Einstein und Bohr, erfüllte ihn mit großem Stolz.

Wieder einmal waren die Gedanken, die er hier vortrug, revolutionär: Sie beschäftigten sich mit nichts Geringerem als mit Photonen, die nicht die Vergangenheit teilen, sondern die Zukunft ...

Aber um dies zu verstehen, müssen wir zunächst zurückblicken ins Jahr 1982. Damals machte der Franzose Alain Aspect die Verschränkung von Teilchen zum Inhalt eines Experiments, das ebenfalls weltberühmt werden sollte.

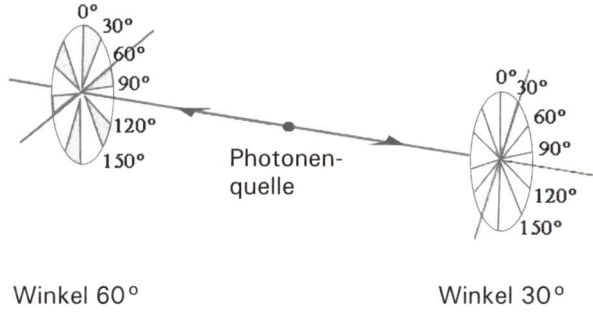

Abb. 15: Das Prinzip von Aspects Versuchsaufbau. Die Photonenquelle in der Mitte sendet polarisierte Photonen zu den beiden Filtern.
Quelle: http://www.ap.univie.ac.at/users/fe/Quantentheorie/EPR/

Der amerikanische Physiker David Bohm hatte eine vereinfachte Fassung von Einsteins Gedankenexperiment mit dem Kasten erfunden, die von Einstein »abgesegnet« wurde. Er ersetzte die beiden Eigenschaften »Ort« und »Impuls« aus dem EPR-Gedankenexperiment durch das Phänomen der Polarisation. Und diese Version realisierte nun Alain Aspect. Vereinfacht gesprochen, erzeugte er gleichzeitig zwei polarisierte Photonen, die in entgegengesetzte Richtung auseinander flogen. Diese schickte er dann durch je ein Polarisationsfilter und maß auf jeder Seite, wie viele Teilchen durchkamen.

Je nach Polarisationsrichtung der Photonen konnten sie das Filter mit einer bestimmten Wahrscheinlichkeit durchdringen. Was Aspect nun fand, war, dass die beiden gleichzeitig erzeugten und losgeschickten Photonen immer gleich reagierten: Kam das rechte am rechten Filter durch, dann kam auch das linke bei seinem Filter durch und umgekehrt (siehe voranstehende Abbildung).

Dies ist noch nicht allzu erstaunlich, da man davon ausgehen kann, dass die beiden Photonen durch ihre gemeinsame Erzeugung miteinander korreliert, also in ihrem Verhalten verbunden sind. Sie würden sich dann lediglich so verhalten wie die beiden Würfel in folgendem Beispiel: Man hat zwei Würfel, einen roten und einen schwarzen. Der eine wird in eine Schachtel gepackt, der andere in eine andere. Dann werden beide verschickt. Der Empfänger weiß nicht, in welchem Päckchen welcher Würfel ist. Er kennt aber sofort die Farbe des zweiten Würfels, sobald er die erste Schachtel öffnet, denn ist der darin enthaltene Würfel rot, muss der andere schwarz sein und umgekehrt. Auch dies ist genau genommen eine »spukhafte« Verbindung zwischen den beiden Würfeln und gibt bei eingehender Überlegung zu manchen Theorien Anlass.

Insofern ist also das Resultat von Aspects Experiment bisher noch nicht weiter verwunderlich. Aber er beließ es

Abb. 16: Alain Aspect auf einer Tagung in Wien im Jahr 2000.
Quelle: Österreichische Zentralbibliothek für Physik

nicht dabei, sondern erweiterte die Versuchsanordnung. Er setzte vor die beiden Polarisationsfilter »Schalter«, welche die Polarisationsrichtung des Filters – jeweils für beide gleich – änderten. Diese Schalter wurden gesteuert von einem Zufallsgenerator, das heißt, der Schalter wurde ganz zufällig an- oder ausgeschaltet. Außerdem arbeitete er so schnell, dass er noch in der Lage war umzuschalten, wenn das Photon bereits unterwegs war. Die beiden Photonen wussten also, wenn sie losflogen, noch nicht, in welche Richtung das Filter geschaltet war. So konnten sie jeweils nur mit einer bestimmten Wahrscheinlichkeit durchgelassen werden, die abhängt von dem Winkel, auf den das Filter eingestellt war.

Angenommen, sie hätten mit fünfzigprozentiger Wahrscheinlichkeit durchkommen können, dann hätte also zufällig jedes zweite Photon den Filter durchfliegen können.

Das Wort zufällig ist in diesem Fall wichtig, denn es wäre nicht jedes zweite gewesen, sondern die Verteilung wäre so unvorhersagbar wie »rouge« und »noir« beim Roulette. Nur in der Summe kämen fünfzig Prozent der Photonen durch.

Das Experiment, das natürlich in Wirklichkeit sehr viel komplizierter aufgebaut war und hier nur in seinen Grundzügen geschildert werden kann, ergab ein faszinierendes Ergebnis: Die jeweils »zusammengehörigen« Photonen verhielten sich immer gleich, wie Zwillinge. Konnte das eine sein Polarisationsfilter durchdringen, so konnte es auch das andere, wurde das eine zurückgehalten, dann auch das andere. Und das, obwohl die Bedingungen erst eingestellt wurden, wenn die Photonen schon unterwegs waren. Woher wusste das eine Photon, ob das andere Photon durchkam oder nicht? Durch irgendeine Art von Informationsübertragung konnte es nicht geschehen sein, denn die Photonen bewegten sich mit Lichtgeschwindigkeit auseinander.

Dieses Experiment widerlegt auch den Einwand, den der Physik-Nobelpreisträger Murray Gell-Mann gegen das EPR-Phänomen vorbrachte. Er schrieb in seinem Buch ›Das Quark und der Jaguar‹ unter dem Titel »Die Verdrehung der Tatsachen«:

»Der Zustand … lässt sich mit den ›Bertlmann'schen Socken‹ vergleichen, die John Bell in einer seiner Abhandlungen beschreibt. Bertlmann ist ein Mathematiker, der stets eine rosa und eine grüne Socke trägt. Wer nur einen seiner Füße sieht und eine grüne Socke erblickt, weiß sofort, dass an seinem anderen Fuß eine rosa Socke prangt. Und das, obwohl keine Signalübertragung zwischen den Füßen stattfindet. Ebenso wenig findet in dem Experiment, das die Quantenmechanik bestätigt, eine Signalübertragung (und damit eine Fernwirkung) zwischen den beiden Photonen statt.«

Mit dieser Analyse macht es sich Gell-Mann aber zu einfach, sie entspricht dem weiter oben geschilderten Würfel-Beispiel. Vertreter der neuen Quantenphysik wehren sich deshalb auch vehement gegen diese Interpretation, so etwa Anton Zeilinger. Bei Bertlmann sei der Fall klar, weil er am Morgen eben zwei verschiedene Socken anzog. »Wenn die Socken aber Quantensocken wären, würde die Farbe des zweiten Socken erst spontan bei der Beobachtung des ersten festgelegt werden. Gell-Mann hat sich offenbar nicht die Mühe gemacht, Bells Publikation über Bertlmann gründlich zu lesen.«

Gemäß der Relativitätstheorie darf sich keine Information schneller als mit Lichtgeschwindigkeit fortpflanzen. Auch bei EPR-Experimenten ist dieses Prinzip erfüllt: Misst ein Beobachter an Ort 1 die Polarisationsrichtung von Teilchen 1, weiß er zwar sofort die Polarisationsrichtung von Teilchen 2 an Ort 2, kann dies aber nicht ausnutzen, um dem Beobachter 2 eine Nachricht beziehungsweise Information zukommen zu lassen, denn er hat keine Möglichkeit, das Messergebnis zu manipulieren.

Einstein hatte dieses Phänomen in seinem EPR-Artikel ja bereits vorhergesagt und von einer »spukhaften Fernwirkung« gesprochen. Und in der Tat ist und bleibt die Lage geheimnisvoll. Es ist Aspects Verdienst, in einem echten Experiment, also nicht nur in Gedanken, das seltsame Verhalten der Teilchen nachgewiesen zu haben. Er zeigte damit nicht nur, wie hellsichtig Einstein wieder einmal gewesen war, sondern auch, dass es offenbar nicht möglich ist, alle Eigenschaften eines Teilchens gleichzeitig zu kennen. Es war Aspect und einer ganzen Reihe von Nachahmern seines Experiments in diesem Fall gelungen, »verschränkte« Photonen zu schaffen, deren Eigenschaften miteinander verbunden sind, ähnlich wie das weiter oben geschilderte Photon im Gedankenexperiment mit dem Kasten.

Es liegt nun natürlich nahe zu vermuten, dass es irgendwelche inneren Eigenschaften gibt, die es den Photonen ermöglichen, eine Art Verabredung zu treffen, und so das gleiche Verhalten auslösen. Dies wären die »verborgenen Variablen«, die Einstein hinter der ganzen Geschichte angenommen hatte. Sie waren der Grund, warum er immer glaubte, die Quantenmechanik sei unvollständig. Aber diese Möglichkeit einer Ausrede hat uns ja John S. Bell genommen mit seinem Beweis, dass es keine verborgenen Größen gibt.

Was Aspect in seinem Experiment bewiesen hatte, dass es nämlich miteinander verschränkte Teilchen nicht nur als Phantom, sondern auch in Wirklichkeit gibt, das nutzte Anton Zeilinger 1997 in seinem Teleportationsexperiment an der Universität Innsbruck.

Sender und Empfänger, die man normalerweise A und B nennen würde, heißen – so hat es sich inzwischen bei derartigen Versuchen eingebürgert – Alice und Bob. Die beiden haben sich vor der geplanten Teleportation ein verschränktes Photonenpaar geteilt. Der Quantenzustand eines dritten Photons X soll nun gebeamt werden. Dazu nimmt Alice eine Messung an ihren beiden Photonen vor und übermittelt das Resultat (das sie selbst nicht kennt) auf konventionellem Weg an Bob. Dieser wendet das Messresultat auf sein verschränktes Photon an und erhält genau das Photon, das Alice beamen wollte. Das Ausgangsphoton wird bei dieser Prozedur unkenntlich, es ist am Ort des Senders nicht mehr zu finden. Es wurde also nicht kopiert, sondern in der Tat teleportiert.

Harald Weinfurter, ein Schüler Zeilingers, der damals an dem Experiment beteiligt war, erklärt diesen Vorgang anhand eines Faxgeräts: »Sie haben ein Stück Papier und stecken es in ein Faxgerät. Es macht eine Menge Messungen und schickt das Ergebnis als Nullen und Einsen an das Empfängerfax. Dieses wandelt die Informationen so um, dass die ursprüngliche Nachricht wieder entsteht. Sie haben dann die Information vom ersten Stück Papier auf das zweite übertragen. Wenn wir aber unser Quantenfax betätigen, schieben wir sozusagen das erste Teilchen rein, und sein Quantenzustand geht dabei verloren. Das Papier im ersten Fax wird völlig zufällig schwarz-weiß gemustert, dafür entsteht auf der anderen Seite ein genaues Abbild. Teleportation erlaubt also nicht das Kopieren. Die verschickte Information ist am Senderort verschwunden, sie ist nun beim Empfänger.«

Das, was Weinfurter »Faxgerät« nennt, bezeichnet die Messung, die Alice an ihrem Photon und dem Photon X, das gebeamt werden soll, macht. Hier liegt der eigentliche Trick des Experiments. In der Fachsprache heißt diese Messung »Bell-Zustandsmessung«, und es ist sehr schwierig, sie praktisch durchzuführen, denn sie tut nichts Geringeres, als Alices Photon (A) mit dem Photon X ebenfalls zu verschränken. Es ist schon kompliziert genug, ein verschränktes Photonenpaar von Haus aus herzustellen.

Man macht dies heutzutage meist so, dass man einen Laserstrahl durch einen Kristall mit besonderen Eigenschaften – etwa aus Beta-Bariumborat – schickt. Dann entstehen im Inneren des Kristalls gelegentlich verschränkte Photonenpaare, die sich bei einer Messung immer als gegensätzlich polarisiert erweisen. »Viel schwieriger ist es«, so erklärt Anton Zeilinger sein Experiment, »zwei bereits existierende unabhängige Photonen zu verschränken. Doch genau dies muss ein Bell-Zustandsmessgerät leisten, wenn es die beiden Photonen A und X ihrer individuellen Eigenschaften beraubt.«

Es gelang, und damit ein Meilenstein in der Quantenphysik. »Für mich«, erzählte der Physiker im Gespräch mit der Wiener Zeitung ›Der Standard‹, »war es sicher wichtig, mich auf die Intuition zu verlassen. Jeder an der

Das Grundprinzip der Teleportation hat die Autorin Anne Hardy in einer Broschüre zum Jahr der Physik in unterhaltsamer Weise als Dialog zwischen Alice und Bob verdeutlicht:

»Alice ist Physikerin. Ihr Freund Bob studiert noch. Beide sind in verschiedenen Laboratorien. Sie verständigen sich per Telefon.

Alice: Hallo Bob. Ich habe gerade zwei Zwillingsphotonen erzeugt. Wollen wir damit mal eine Teleportation versuchen?

Bob: Gut, dann schick' mir eins von deinen Zwillingsphotonen rüber! Was könnten wir denn teleportieren?

Alice: Ich habe hier noch ein einzelnes Photon, das sich zur Teleportation eignen könnte. Nennen wir es ›Spock‹.

Bob: Kannst du mir Spock beschreiben?

Alice: Das würde ich gern, aber wenn ich eine Messung vornehme, zerstöre ich seinen ursprünglichen Zustand.

Bob: Stimmt. Aber findest du es nicht ziemlich verrückt, dass du mir etwas teleportieren willst, das du gar nicht kennst?

Alice: Das ist ja gerade das Besondere an der Teleportation! Auch die Vorstellung, dass etwas bei mir verschwindet und bei dir wieder erscheint, ist nicht ganz richtig. Ich möchte vielmehr erreichen, dass Spocks Zustand sich auf dein Zwillingsphoton überträgt.

Bob: Wie soll das gehen?

Alice: Ganz einfach – ich stecke ihn zusammen mit meinem Zwillingsphoton in eine Messapparatur.

Bob: Aber damit veränderst du ihn doch auch?

Alice: Ja, aber du wirst sehen, dass du nachher Spocks ursprünglichen Zustand wieder erzeugen kannst. Wichtig ist hier erst mal, dass Spock durch diese Messung nun auch mit deinem Zwillingsphoton verknüpft ist!

Bob: Ah, auf diese Weise teleportierst du also Spocks Zustand zu mir?

Alice: Genau. Und dann bist du dran. Ich rufe dich nämlich an und sage dir das Ergebnis, das bei der Messung von Spock mit meinem Zwillingsphoton herausgekommen ist. Das kannst du dazu verwenden, Spocks ursprünglichen Zustand schließlich mit Hilfe einer weiteren Messung zu rekonstruieren.

Bob: Ich seh' schon, über die Details werden wir noch etwas länger reden müssen ... Dass es ohne diesen Telefonanruf von dir nicht geht, ist natürlich schade. Ich hatte schon gehofft, wir könnten Informationen mit Überlichtgeschwindigkeit senden. Glaubst du, wir werden bald mal etwas Größeres als ein Photon teleportieren können?

Alice: Gut möglich. Aber schon bei Gegenständen von der Größe einer Kaffeetasse geht nichts mehr: Wir würden dafür eine Zeit benötigen, die das Alter des Universums weit übersteigt!«

vordersten Front der Forschung wird zugeben müssen, dass das Neue dort stattfindet, wo man nicht mehr rein logisch vorgehen kann – sondern intuitiv-emotional.«

Anton Zeilinger avancierte zum Medienstar. Das lag nicht nur an seiner unverwechselbaren Ausstrahlung, sondern auch an seiner Offenheit, wissenschaftlichen Laien gegenüberzutreten und ihnen seine Ergebnisse zu erklären. »Man darf sich nicht täuschen lassen: Erklären ist harte Arbeit«, hat er dabei gelernt. An das Medieninteresse hat er sich mittlerweile gewöhnt:

»So geht das, seit wir unsere Teleportations-Experimente veröffentlicht haben. Als Erste hat damals die ›Washington Post‹ angerufen, dann bald CNN und die BBC. Die österreichischen Medien haben erst reagiert, als sie merkten, dass im Ausland etwas läuft. Inzwischen hatte ich über zwanzig Fernsehsender im Labor. Manche Reporter sind enttäuscht, wenn ich erkläre, das Beamen von Menschen werde Phantasie bleiben. Die wollen hören, dass dafür jetzt Hoffnung besteht. Aber da bin ich stur, etwas Falsches sage ich nicht.«

Während die Medien bereits alle möglichen Sciencefiction-Spielereien erfanden, reagierte die Fachwelt auf die Nachricht von der gelungenen Teleportation mit Erstaunen und Erschrecken. Wie sollte es möglich sein, den Quantenzustand eines Photons von einem Ort zum anderen im gleichen Augenblick zu übertragen? Bisher hatte doch immer gegolten, dass sich nichts schneller als mit Lichtgeschwindigkeit bewegen kann? Sollte dieses Dogma nun fallen?

Die Sorge stellte sich als unbegründet heraus. Anton Zeilinger beschreibt die Lösung so: »Man könnte sagen, dass Bobs Photon auf quantenmechanischem Wege augenblicklich die gesamte Information von Alices Original erwirbt. Aber um zu wissen, wie diese Information zu lesen ist, muss Bob auf die klassische Nachricht warten, bestehend aus zwei Bits, die sich nicht schneller als Licht übertragen lassen.«

Die Übertragung ist also nicht überlichtschnell, denn Alices Messergebnis muss ja erst einmal an Bob geschickt werden, und zwar mit endlicher Geschwindigkeit, also per Funk, Telefon oder Brief. Dieses Messergebnis sagt Bob, wie er sein teleportiertes Photon behandeln – also die Information »lesen« – muss, um es in den ursprünglich verschickten Zustand zu versetzen. Bei dem Versuchsaufbau, den Zeilinger und seine Leute benutzten, gab es dafür vier verschiedene Arten, und nur in einem Viertel aller Teleportationen kam das Photon schon in genau dem »richtigen« Zustand bei Bob an. Im Rest der Fälle konnte Bob aber über die Messvorschrift, die er von Alice auf klassischem Wege erhielt, den Zustand des gebeamten Photons in den des ursprünglichen zurückverwandeln.

Wozu kann man nun das Beamen brauchen? Seriöse Forscher rechnen fest damit, dass man eines Tages die Teleportation von Photonen in einem optischen Computer nutzen kann. Man könnte damit Informationen von einem Speicher in einen anderen, weit entfernten übertragen. Eine wichtige Anwendung, die sich heute schon ganz konkret abzeichnet, wird die Quantenkryptografie sein. Es handelt sich dabei um die abhörsichere Übertragung von Informationen (siehe Kapitel 3).

Zunächst arbeiten die Wissenschaftler aber noch an der Untersuchung und Verfeinerung der Grundlagen. Zeilinger und sein Team fanden bald Nachahmer, denen es ebenfalls gelang, Quantenzustände zu teleportieren. Immer aber waren die Messungen auf Distanzen von wenigen Metern im Labor beschränkt. Mit ihrem Umzug ins Wiener Kanalnetz haben die Forscher nun den Schritt nach draußen, in die wirkliche Welt, gewagt. Sie wollen untersuchen, ob es eine fundamentale Grenze für diese Art der Quanteninformationsübertragung gibt. Die Zeitung ›Der Standard‹ zeigte sich schon von dem Plan begeistert: »Eine neue Dimension will der Wiener Physiker Anton Zeilinger für seine Teleportationsexperimente mit Lichtteilchen eröffnen«, schreibt das Blatt am 20. Februar 2002, »dazu werden Glasfaser-Kabel in dem Kanal verlegt, der die Abwässer der Bezirke östlich der Donau unter dem Fluss zur Hauptkläranlage leitet. Eine Experimentieranlage wird dazu am Handelskai und eine zweite jenseits auf der Donauinsel eingerichtet.«

Zwei Besonderheiten hat die neue Versuchsanordnung, die das Zeilinger-Team »Donau-Experiment« nennt: Erstens sind nun die beiden Übermittlungskanäle zwischen Alice und Bob vollkommen – auch körperlich – getrennt. Die beiden Labors befinden sich ja nun an un-

Abb. 17: In diesem Kanalschacht im Wiener Untergrund werden die Teilchen teleportiert.
Quelle: http://www.quantum.at/Kanal/pressefotos/Duecker3.jpg

terschiedlichen Donauufern und sind 630 Meter Luftlinie voneinander entfernt. Der Austausch der verschränkten Teilchen, die die Teleportation auslösen, erfolgt über eine Glasfaser, den »Quantenkanal«, die Übermittlung der klassischen Daten zwischen Alice und Bob läuft über eine Funkstrecke quer über die Donau. Die zweite Besonderheit liegt in der Tatsache, dass die Photonen den Quantenkanal nur mit einer Geschwindigkeit von etwa zwei Dritteln der Lichtgeschwindigkeit durchlaufen, während die Verwendung schneller Elektronik mit Schaltzeiten im Bereich von Milliardstelsekunden dafür sorgt, dass das klassische Signal früher bei Bob ankommt als das Quantensignal, dieses also »überholt«. Diesen Trick wollen die Forscher nun zusammen mit einer Erweiterung des Experiments dazu ausnutzen, um die Wahrscheinlichkeit, das Photon im »richtigen« Zustand zu teleportieren, auf das Doppelte, also von 25 auf 50 Prozent, zu erhöhen. Natürlich steht dahinter die spannende Frage, was passieren würde, wenn man versuchte, diese Wahrscheinlichkeit noch stärker, im Idealfall auf 100 Prozent, zu erhöhen. Denn dann käme ja die Teleportation wieder einer überlichtschnellen Kommunikation gleich. Ein ganz praktischer Aspekt spielt beim Donau-Experiment aber auch noch mit: Die Verlegung von Glasfaserkabeln in Kanalnetzen könnte eines Tages – so hoffen die Forscher – »den Grundstein für ein internationales Quantenkommunikationsnetzwerk legen«.

Dass es nicht nur unter der Erde möglich ist, Teilchen zu beamen, hofft das Wiener Team in absehbarer Zeit zu beweisen. »Die interessanteste derzeit diskutierte Entwicklung ist die Teleportation von Quantenzuständen zu einem Erdsatelliten«, freut sich Anton Zeilinger. »Auch könnte ein Satellit, der mit einer Quelle für verschränkte Photonen ausgestattet ist, Teleportation zwischen zwei auch weit voneinander entfernten Punkten auf der Erde ermöglichen.« Eine optimistische Aussage, ist doch die Verschränkung zwischen Photonen eine sehr zerbrechliche Sache. Einflüsse von außen oder die Wechselwirkung mit der Umgebung kann sie innerhalb kürzester Zeit zerstören. Da kann man von Glück reden, dass Photonen nicht ohne weiteres mit Materie reagieren, sie sind deshalb relativ unempfindlich gegen derartige Störungen. Die Verschränkung ganzer Atome dürfte wesentlich anfälliger sein.

All dies sind sehr reale Anwendungen, die auf dem Boden der Wirklichkeit stehen. Weniger seriöse Visionäre denken schon einige Schritte weiter. Sie hoffen, dass man eines Tages nicht nur winzige Teilchen oder einzelne Photonen, sondern materielle Objekte teleportieren könnte. Und die, die schon immer an Sciencefiction geglaubt haben, jubilieren, weil sie das Beamen von Personen irgendwann für machbar halten. Grundlegende physikalische Gesetze stehen dem nicht entgegen, die Realisierung dürfte wohl eher an den praktischen Problemen scheitern.

Trotzdem gibt es auch hierbei Fortschritte in jüngster Zeit. Während bis vor kurzem Physiker den verschränkten Quantenzustand nur bei maximal vier Atomen herstellen konnten, gelang es im Jahr 2002 Brian Julsgaard, Alexander Kozhekin und ihrem Professor Eugene S. Polzik an der Universität Aarhus in Dänemark, mit Hilfe von Laserlicht zehn Billionen Cäsiumatome miteinander zu verschränken. Die Teilchen verharrten, so berichteten die Wissenschaftler im britischen Fachmagazin ›Nature‹, länger als eine halbe Millisekunde in diesem Zustand – für quantenphysikalische Maßstäbe ist das eine halbe Ewigkeit. Die verschränkte Eigenschaft war in diesem Fall der Spin der Atome, also die quantenmechanische Parallele zum Drehimpuls.

In dem Experiment schafften es die Wissenschaftler, zwei räumlich getrennte Gaswolken so miteinander zu verschränken, dass die eine Wolke automatisch die exakt umgekehrten Zustände einnahm, wie sie in der anderen Wolke bestimmt wurden. Die Informationen für die Verschränkung wurde mit Laserlicht zwischen den beiden Glasbehältern ausgetauscht. Zudem, so die Forscher, konnten sie beweisen, dass die Verschränkung auch über Hindernisse hinweg und bei Raumtemperatur möglich ist. Nun wollen sie den verschränkten Zustand über noch längere Zeit aufrechterhalten und dies nicht nur bei Gas, sondern auch bei festen Materialien schaffen, wie sie für Quantencomputer gebraucht werden.

»Es wird wohl darauf hinauslaufen, dass wir die Verknüpfung für Teleportations-Versuche nutzen werden«, meint Polzik, »das heißt nicht, dass wir in naher Zukunft einen Menschen beamen werden. Nicht wegen der vielen Billionen Atome, sondern wegen der schieren Zahl der möglichen Kombinationen dieser Atome, die einen menschlichen Körper bilden. Das ist einfach eine enorme Menge an klassischen Informationen, die übertragen werden müssten. Aber wir werden versuchen, diese Verknüpfung und die Teleportation für neue Kommunikationstechniken zu nutzen, für Quantencomputer und für deren Speicher.«

Die Forscher am »Aarhus Quantum Optics Lab« meinen nämlich, dass es gar nicht darum geht, Dinge, die man teleportieren will, komplett »auseinander zu nehmen« und sie andernorts wieder zusammenzusetzen. Vielmehr sollte die Technologie ein ganzes Ensemble so gestaltbar machen, dass an einem entfernten Ort ein deckungsgleiches Ensemble reproduziert werden kann. Dies würde es ermöglichen, eine in Photonen zerlegte Nachricht identisch am Zielort erscheinen zu lassen, ohne dass sie tatsächlich einen physischen Weg zurücklegt.

Trotz aller experimentellen Fortschritte ist und bleibt die Verschränkung ein geheimnisvolles Phänomen. Welche Eigenschaften – so kann man fragen – lassen sich überhaupt miteinander verschränken? Bisher gelang es für den Spin beziehungsweise die Polarisationsrichtung von Teilchen oder gar Atomen. Einstein hatte Verschränkung vorhergesagt für Ort und Impuls beziehungsweise Energie und Zeit. Nach und nach ersinnen Forscher immer neue Methoden, wie man verschränkte Systeme herstellen kann, vor allem auch deswegen, weil man sie demnächst auch praktisch nutzen will. Ein Dilemma allerdings bleibt: Verschränkung nachzuweisen gelingt heute nur dadurch, dass man sie zerstört. Es ist so, als wollte man die Farbe einer Blume erkennen, und dies ist nur dadurch möglich, dass deren Farbe ausradiert wird. Vielleicht bringen hier die »Quantenmäuse«, die in Kapitel 5 erklärt werden, eine Lösung?

Eines weiß man heute schon sicher: Die Wechselwirkung mit der Umwelt zerstört die Verschränkung. Dies ist einer der Hauptgründe, warum Verschränkung in makroskopischen Systemen, also in unserer Alltagswelt, nicht zu finden ist. Trotzdem – eine Spekulation mag erlaubt sein: Könnte es nicht Verschränkungen geben, die wir nur nicht sehen? Ist nicht einst alles aus einem gewaltigen Urknall heraus entstanden? Bei diesem Big Bang könnte doch alles mit allem verschränkt gewesen sein? Und ähnlich wie die kosmische Hintergrundstrahlung, die aus den Tiefen des Alls zu uns dringt, uns Hinweise gibt über die unvorstellbare Hitze, die damals im Urknall und kurz danach geherrscht haben muss, könnte es doch möglich sein, ein uraltes Band der Verschränkung zwischen bestimmten Systemen auch heute noch zu finden. Eine Verbindung vielleicht zu weit entfernten Galaxien, die wir heute noch gar nicht kennen? Auch Themen wie Telepathie oder morphologische Grundmuster, die universell sind, könnten – in diesem Licht betrachtet – vielleicht zu neuen Forschungsthemen führen. Hier soll nicht der Esoterik das Wort geredet, sondern die naturwissenschaftliche Forschung bestärkt und ermutigt werden, sich auch Themen zuzuwenden, die die Welt ganzheitlich betrachten.

Für Anton Zeilinger, der sich so intensiv wie nur wenige mit der Quantenphysik befasst hat, steht jedenfalls fest: »Es geht um die Frage nach dem Zusammenhang von Information und Wirklichkeit.« Und er nennt ein Beispiel: »Eines der spannendsten Bilder, die je aufgenommen wurden, ist das Hubble Deep Field, eine Aufnahme, die das Hubble-Teleskop bei seinem Umlauf um die Erde gemacht hat. Man hat das Teleskop auf eine Stelle des Himmels gerichtet, an der man vorher noch nichts gesehen hatte. Etwa zehn Tage lang belichtete man, dann fand man eine Vielzahl von Lichtpunkten auf dem Foto. Das sind höchstwahrscheinlich alles Galaxien. Dieses Bild des Hubble-Teleskops zeigt uns: Wir sammeln Information und versuchen, daraus irgendetwas über die Wirklichkeit zu lernen, von der wir annehmen, dass sie so existiert, wie wir sie sehen.«

Seine Antrittsvorlesung in Wien 1999 stellte er unter das Motto: »Ist Information der Urstoff des Universums?« Er glaubt: ja. Und er verweist darauf, dass diese Frage schon öfters positiv beantwortet wurde, auch am Anfang des Johannes-Evangeliums, denn dort heißt es: »Am Anfang war das Wort.«

Es gelingt ihm, aus dieser Grundthese die Besonderheiten der Quantenmechanik abzuleiten: »Große Systeme enthalten immer gigantische Informationsmengen. Wenn die Systeme kleiner und kleiner werden, muss man sich die Frage stellen: Wie ändert sich die Information? Wie hängt die Menge an Information, die ein System trägt, mit der Größe des Systems zusammen?« Und Zeilinger kommt zu dem Schluss: Je kleiner ein System ist, desto weniger Information kann es tragen. Irgendwann kommt man an eine natürliche Grenze. Sie ist dann erreicht, wenn das System nur noch die Antwort auf eine einzige Frage erlaubt, also ein einziges Bit an Information tragen kann. Das ist das elementarste System.

Diese Grundidee einer Ur-Entscheidung hat bereits Carl Friedrich von Weizsäcker in seinem Buch ›Der Aufbau der Physik‹ diskutiert; er hat damals die Informationseinheit ein »Ur« genannt. Zeilinger und seine Mitarbeiter haben diese Gedanken weitergeführt und deuten damit Phänomene der Quantenmechanik: »Dass die Beobachtung an einzelnen Quantensystemen objektiv zufällig ist, hängt damit zusammen, dass ein System dadurch charakterisiert wird, wie viel Information es trägt. Wenn wir davon ausgehen, dass ein elementares System nur ein Bit trägt, und wir stellen dem System eine Frage, dann muss die Antwort notwendigerweise rein zufällig sein, weil das System nur eine beschränkte Informationsmenge trägt.«

Entsprechend erklärt er das Phänomen der Verschränkung: »Wenn wir zwei Systeme haben, und wieder ist die Informationsmenge beschränkt, also nur zwei Bits: Dann können wir die zwei Bits entweder dazu verwenden, die Eigenschaft der beiden Systeme separat zu definieren, oder wir können sie dazu verwenden, gemeinsam eine Eigenschaft zu definieren. Dann bleibt aber keine Information mehr übrig, um die Eigenschaften der Einzelsysteme zu definieren, und wir haben ein verschränktes System.«

Das letzte Wort in Sachen Verschränkung ist also noch längst nicht gesprochen. Immer wieder denken sich Forscher neue Experimente aus, die tiefer in die Geheimnisse der Quantenphysik eindringen und überraschende Ergebnisse hervorbringen. So auch Avshalom Elitzur, der kreative Geist aus Israel.

Zusammen mit Anton Zeilinger und Shahar Dolev hat er sich 2001 ein – »perverses«, wie er selbst sagt – Gedankenexperiment ausgedacht, das das EPR-Paradoxon sozusagen umkehrt: Hier wirken zwei Photonenquellen so zusammen, dass sie am Ende gemeinsam ein einzelnes Photon emittieren. Die beiden »halben Photonen«, die vorher mit zwei Atomen zusammengestoßen waren, sorgen dafür, dass diese Atome zu einem Paar verschränkt werden, sobald am Ende das einzelne Photon gemessen wird. Eine verrückte Vorstellung. Elitzur kommentiert das Ergebnis so: »Hier haben wir zwei Teilchen nicht mit einer gemeinsamen Vergangenheit, sondern mit einer gemeinsamen Zukunft; das heißt, sie wechselwirken erst später miteinander. Und raten Sie, was herauskommt: Sie sind ebenso miteinander verschränkt wie im EPR-Fall ... Vielleicht sollten wir diesen Effekt REP nennen?« Man kann fast sicher sein, dass bald irgendwo auf der Welt ein Team von Experimentatoren dieses Gedankenexperiment ebenfalls in der Realität aufbaut und ausprobiert. Auf das Ergebnis darf man gespannt sein.

Kapitel 3
Quanten verschlüsseln geheime Botschaften

Während die einen Forscher unter die Erde gehen, ins Kanalnetz von Wien, begeben sich andere auf Bergeshöhen über 2000 Meter, um dort ebenfalls mit Quanten zu arbeiten. So jedenfalls Harald Weinfurter, Professor an der Universität München, und sein Team im Sommer 2001. Ihr ehrgeiziges Ziel war es, zum weltweit ersten Mal Informationen mittels Quanten von einem Berggipfel zu einem anderen zu senden. Damit wollten sie beweisen, dass es möglich ist, ganz offen durch die Luft einen geheimen Verschlüsselungscode so zu übertragen, dass er vor feindlichen Spionen sicher ist.

Die Münchner, die mit einer englischen Gruppe unter Professor John Rarity zusammenarbeiteten, waren natürlich nicht die Einzigen auf der Welt, die das Ziel verfolgten, Informationen mit Quantenhilfe zu versenden. Es gab eine Hand voll wettstreitender Teams, die im Jahr 2001 alle in etwa gleich weit waren mit ihren Vorbereitungen. Die gefährlichsten Konkurrenten für die Deutschen waren Forscher in Genf, die sich vorgenommen hatten, die Quanten durch Glasfasern zu schicken, und ein Team im amerikanischen Los Alamos, das beides versuchte: die Übermittlung durch die Luft und das Versenden durch Glasfaserkabel. Derjenige, der als Erster nachweisen könnte, dass diese Quantenkryptografie auch un-

Abb. 18: Christian Kurtsiefer (rechts) und Matthäus Halder beim Aufstellen der Geräte auf der Zugspitze.
Quelle: http://scotty.quantum.physik.uni-muenchen.de/exp/qc/press.html

ter praktischen Bedingungen durchführbar ist, und der ein Gerät für deren alltäglichen Gebrauch entwickeln würde, hatte Aussicht auf äußerst gute Geschäfte. So war es nicht verwunderlich, dass der Wettbewerb hart ausgetragen wurde, auch wenn sich die verschiedenen Wissenschaftlerteams auf der menschlichen Ebene gut miteinander verstanden.

Wochenlang dauerten in München die Vorarbeiten. Zunächst galt es, zwei Gipfel auszusuchen, auf denen man das Experiment starten konnte. »Grundvoraussetzung war«, erzählt Christian Kurtsiefer, Assistent bei Weinfurter, »dass ein Stromanschluss da war und mindestens eine

Telefonleitung.« Die Zugspitze war schnell ausgewählt, dort gab es bereits eine Vielzahl von Versuchsstationen, deren Logistik man zum Teil nutzen konnte. Aber wohin sollte man von dort aus funken? Erst nahm man die zehn Kilometer entfernte Meiler-Hütte ins Visier. Als das Münchner Team aber erfuhr, dass der Konkurrent Richard Hughes in Los Alamos, New Mexico, ebenfalls eine Freiluftübertragung über zehn Kilometer plante, beschloss es spontan: »Dann müssen wir eine wesentlich längere Strecke nehmen.« Also suchte man nach geeigneten Zielen im Bereich von mindestens zwanzig Kilometern Abstand. Der Wendelstein wäre gut gewesen, aber dort wurde das Gipfelhaus gerade umgebaut. Also wählten die Wissenschaftler um Harald Weinfurter schließlich die westliche Karwendelspitze aus, wo die Experimentierstation 2244 Meter hoch liegt und von Mittenwald aus mit einer Seilbahn gut erreichbar ist. 23,4 Kilometer liegt sie in südöstlicher Richtung von ihrem Pendant auf der Zugspitze entfernt.

Nun begann also der Aufbau der Sende- und Empfangsanlagen – keine leichte Sache: Rund 350 Kilogramm Gepäck mussten die Forscher in Metallkoffern auf die Gipfel schleppen – die Deutschen arbeiteten auf der Zugspitze, die Engländer auf der Karwendelspitze. Bei der wertvollen Last handelte es sich um hoch empfindliche Präzisionsgeräte, die keine Erschütterung vertrugen. Und außerdem wurde es langsam Herbst und Winter, und dort oben begann es zu schneien.

»Wir wollten zunächst innerhalb einer Woche fertig sein«, erinnert sich Kurtsiefer, »schließlich hatten wir in der Universität auf dem Flur alles schon genauestens ausprobiert. So konnten wir uns gar nicht vorstellen, dass da noch viel schiefgehen sollte.« Da hatten sich die Forscher aber leider verrechnet, denn wie immer saß auch hier die Tücke im Detail. Woche um Woche verging, und immer neue Schwierigkeiten mussten überwunden werden. Dann zeigte sich, dass die Stative für die Geräte auf Schnee nicht so fest standen, wie sie sollten. Deshalb hieß es nun also: Schaufeln. »Die meiste Zeit ging für Schneeräumen drauf, jedes Mal, wenn wir hoch kamen, hatte es wieder geschneit«, so Kurtsiefer. Und die tiefen Temperaturen von minus zwanzig bis dreißig Grad brachten weitere Erschwernisse: Die Dioden ändern ihre Wellenlänge, Kabel und Schmierfett werden innerhalb von Minuten hart.

Schließlich gelang es aber trotzdem, die Geräte stabil aufzubauen: einen Laser, eine Einzelphotonenquelle, ein Teleskop und eine Menge Computer. Das Experiment auf der Zugspitze nannte man »Alice«, die Experimentierstation auf der Karwendelspitze bekam den Namen »Bob«.

Alice und Bob sind, wie schon erwähnt, zwei fiktive Personen, die den Forschern als menschliches Kürzel für Sender A und Empfänger B dienen, wenn es darum geht, geheime Informationen zu übermitteln. Manchmal gibt es auch noch Eve (für eavesdropper = engl.: Lauscher), und sie spielt die Rolle einer Person, die diese Nachricht abhören will.

Den hoch gelegenen Experimentierort hatten die Münchner Forscher gewählt, weil hier oben die Störungen durch Luftturbulenzen sehr gering sind, die dünne und trockene Luft nicht allzu viel Licht absorbiert, und weil auf dem Berg weniger störendes Hintergrundlicht vorhanden ist als in der Ebene mit ihren Siedlungen und Straßen. Denn die Kommunikation ist extrem empfindlich: »Ein einfaches Lagerfeuer unter der Übertragungsstrecke würde das Experiment schon unmöglich machen«, erklärt der Projektleiter Harald Weinfurter.

Der 1960 in Österreich geborene Quantenphysiker gehörte zu den Pionieren um Anton Zeilinger, die in Innsbruck ihre Aufsehen erregenden Versuche zur Quantenphysik machten. Weinfurter studierte an der TU Wien technische Physik und habilitierte sich 1996 an der Universität Innsbruck in Experimentalphysik. Seit 1999 ist er Professor für Quantenoptik an der Ludwig-Maximilians-Universität München. Sein Spezialgebiet ist die Quantenkryptografie, der jüngste Zweig einer uralten Wissenschaft, der Kryptografie.

Was verbindet Krieg, Politik und die Liebe? Die überraschende Antwort: der Drang, Botschaften so zu verschlüsseln, dass Dritte sie nicht verstehen können. Seit es die Schrift gibt, versuchen Menschen, Nachrichten möglichst raffiniert zu codieren. Feldherren kommunizierten auf diese Weise mit ihren Heerführern, Politiker benutzten verschlüsselte Informationen für ihre Geheimdiplomatie, und Liebespaare schrieben sich chiffrierte Briefe. Und so kann man beispielsweise mit Recht sagen, dass der Zweite Weltkrieg nicht nur zu Wasser, zur See und in der Luft stattfand. Hinter den Kulissen tobte zusätzlich ein erbitterter Kampf um die Entschlüsselung der geheimen Chiffren der Funksprüche. Die berühmte deutsche Verschlüsselungsmaschine »Enigma« spielte dabei eine besondere Rolle.

Egal, welches Verfahren man wählt und wie kompliziert es ist, im Grunde geht es immer darum, die Zeichen der Botschaft nach einer bestimmten Gesetzmäßigkeit – dem Code – durch andere zu ersetzen, damit der Sinn des Geschriebenen verborgen wird. Zumindest so lange sollte die Geheimhaltung sicher sein, bis die Nachricht uninteressant geworden ist. Manchmal ist es also gar nicht nötig, eine unknackbare Verschlüsselung zu wählen, etwa wenn die Botschaft am nächsten Tag schon überholt ist.

Das einfachste Beispiel wäre etwa, jeden Buchstaben durch den im Alphabet darauf folgenden zu ersetzen. Eine solche Verschlüsselung könnte allerdings jeder leicht entziffern. Je weiter die Wissenschaft voranschritt, desto verwickelter wurden die Codes, und vor allem seit der Erfindung mechanischer Rechenmaschinen und noch mehr seit der Einführung des Computers sind sie so komplex, dass sie von menschlichen Gehirnen überhaupt nicht mehr geknackt werden können. Je leistungsfähiger die Computer aber wurden, desto schneller gelang es mit ihrer Hilfe auch, die Schlüssel wieder zu enttarnen.

Interessant ist, dass Computer eigentlich zunächst nur zu diesem Zweck erfunden wurden: Anfang der vierziger Jahre des 20. Jahrhunderts, als in England die Angst vor einer Invasion Hitlers stieg, versammelte die britische Regierung eine Mannschaft aus den besten Mathematikern und Elektronik-Spezialisten in einem ruhig gelegenen Landhaus in Hertfordshire mit dem Namen Bletchley Park.

Dieses Zentrum, das später berühmt wurde durch seine Erfolge bei der Entschlüsselung der deutschen Enigma, wurde zum Schauplatz der ersten britischen Versuche mit elektronischen Rechengeräten, die extra für diese Entschlüsselungs-Aufgabe gebaut wurden.

Der geniale Mathematiker Alan M. Turing war am Entwurf der Maschinen maßgeblich beteiligt. Zunächst baute man sie aus Relais zusammen, und die Rechner der ersten Generation erreichten beachtliche Lesegeschwindigkeiten. Ein fotoelektrisches Lesegerät konnte auf einem Papierstreifen 2000 Zeichen pro Sekunde lesen – eine Leistung, die heute nichts Besonderes ist, damals aber geradezu unglaublich erschien. Die zweite Rechnergeneration arbeitete bereits mit Vakuumröhren anstelle der langsameren Relais. 2000 derartiger Röhren waren zusammengeschaltet, und die Maschine konnte 5000 Zeichen in der Sekunde lesen.

Insgesamt zehn Maschinen dieser zweiten Generation wurden gebaut – sie hießen »Colossus« –, und sie erreichten außerordentlich gute Leistungen, allerdings nur für den einen Zweck: die Entschlüsselung von Codes. Viele glauben, dass Colossus mit seiner Enttarnung der Enigma für die Briten letztlich den Krieg gewann. Danach wurden jedoch die Maschinen zerstört und alle Pläne dazu vernichtet. So gilt heute nicht Colossus, sondern »Eniac«, der 1945 an der Universität Pennsylvania fertig wurde, als Vater aller Computer.

Von nun an gab es einen sich ständig steigernden Wettkampf der Algorithmen und der Rechnerleistung mit dem Ziel, neue Verschlüsselungscodes zu erfinden und sie wieder zu knacken. Ein besonders vertracktes Beispiel, wie Codes arbeiten, schildert Simon Singh sehr anschaulich in seinem Buch ›Geheime Botschaften‹. Es handelt sich um den Code »Lucifer«:

»Lucifer verschlüsselt Nachrichten, indem er sie wie folgt verwirbelt. Zuerst wird der Text in eine lange Reihe binärer Zahlen verwandelt. Dann wird diese Reihe in Blöcke von 64 Zahlen aufgespalten, die je für sich verschlüsselt werden. Drittens werden innerhalb jedes Blockes die Zahlen vertauscht und dann in zwei Halbblöcke aus 32 Zahlen geteilt, genannt Links_0 und Rechts_0. Die Zahlen in Rechts_0 werden daraufhin ›in die Mangel genommen‹, das heißt, sie werden auf komplizierte Weise substituiert. Das so bearbeitete Rechts_0 wird dann zu Links_0 addiert, es ergibt sich ein neuer Halbblock aus Zahlen mit der Bezeichnung Rechts_1. Das ursprüngliche Rechts_0 wird in Links_1 umbenannt. Diese Schrittfolge wird als ›Runde‹ bezeichnet.

Der gesamte Prozess wird in einer zweiten Runde wiederholt, diesmal mit den neuen Halbblöcken Links_1 und Rechts_1, die schließlich Links_2 und Rechts_2 ergeben. Insgesamt sechzehn Runden werden gespielt ... Die genauen Einzelheiten der Verwirbelungsfunktion können sich ändern und werden durch einen von Sender und Empfänger vereinbarten Schlüssel festgelegt. Mit anderen Worten, dieselbe Nachricht kann auf eine Unzahl verschiedener Weisen verschlüsselt werden, je nachdem, welcher Schlüssel festgelegt wurde.«

Unglaublich, dass irgendjemand auf die Idee kommen könnte, einen solchen Code zu knacken. In der Tat schien er so sicher, dass sich der amerikanische Geheimdienst NSA – so munkelt man – dagegen wehrte, dass Lucifer als weltweiter Standard zur Verschlüsselung von Nachrichten benutzt werden durfte. Deshalb kam er schließlich nur in abgeschwächter Form zum Einsatz.

Absolut sicher kann eine Verschlüsselung jedoch nur sein, wenn sie keinen irgendwie erkennbaren Mustern folgt, sondern dem reinen Zufall. Dann lässt sie sich nicht dadurch decodieren, dass man Gesetzmäßigkeiten auffindet, die auf die Spur des Codes führen könnten. Was also liegt näher, als Texte mit einem Schlüssel aus Zufallszahlen zu chiffrieren? Und genau das tat man. Die Idee ging zurück auf die amerikanischen Wissenschaftler Joseph Mauborgne und Gilbert Vernam von AT&T. Sie hatten im Jahr 1917 bewiesen, dass absolute Sicherheit unter den drei folgenden Bedingungen erreicht wird:

1. Die Länge des Schlüssels entspricht der Länge des Klartextes.
2. Jeder Schlüssel besteht aus einer absolut zufälligen Zeichenfolge.
3. Jeder Schlüssel darf nur einmal verwendet werden.

So entstand das so genannte One-time-pad, das in beiden Weltkriegen vielfach von Militärs und Diplomaten benutzt wurde. Es entspricht im Prinzip den Transaktionsnummern TAN beim heutigen elektronischen Zahlungsverkehr und besteht aus einem kleinen Block mit Zufallszahlen, die zur Verschlüsselung benutzt werden. Jede Seite ist anders. Man nimmt immer die oberste Seite, und

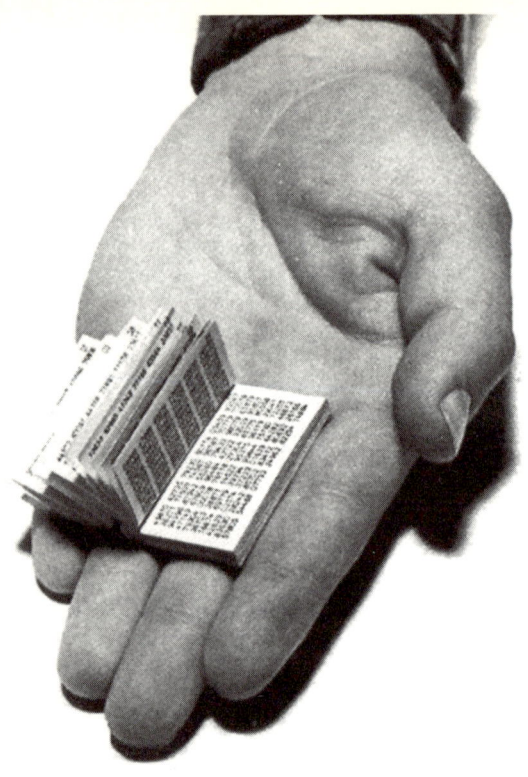

Abb. 19: Ein russisches One-time-pad.
Quelle: http://www-ivs.cs.uni-magdeburg.de/bs/lehre/wise102/
progb/vortraege/choppe/choppe1.html

nach ihrer Verwendung wird sie abgerissen und vernichtet.

Die erste der drei Forderungen verhindert, dass sich im
Geheimtext ein zyklischer Charakter erkennen lässt. Wie
wichtig auch die dritte Forderung ist, zeigt die Geschichte
der amerikanischen Spione Ethel und Julius Rosenberg,
die geheime Forschungsinformationen aus dem US-Atom-
waffenlabor in Los Alamos an die Russen gegeben hatten.
Sie wurden erwischt und 1953 in New York hingerichtet.

Dass man sie enttarnen konnte, lag daran, dass die Russen beim Verschlüsseln der Telegramme einen einfachen Fehler gemacht hatten: Sie hatten den gleichen Schlüssel mehrfach verwendet.

An sich war das russische Verfahren absolut sicher. Es bestand aus zwei Schritten: Erst verwandelte man die Buchstaben in Zahlen und addierte danach die Zufallszahlen eines One-time-pads dazu. Die russischen Codierungsspezialisten waren jedoch nicht in der Lage, eine ausreichende Menge von echten Zufallszahlen in der geforderten Zeit herzustellen, und so verfiel man auf den tödlichen Fehler und begann, alte Sequenzen noch einmal zu verwenden.

Die amerikanischen Entschlüsselungsforscher, die im Projekt mit dem Namen »Venona« arbeiteten, hatten drei Jahre lang auf einen solchen Fehler gewartet. 1946 gelang es ihnen zum ersten Mal, ein Fragment zu entschlüsseln, und zwar damals noch ohne Computer und Superrechner.

Inzwischen hat sich viel getan. »Bei den heutigen Verschlüsselungsgeräten – wenn man sie richtig benutzt – ist es sehr schwierig, ja fast unmöglich, etwas zu entziffern«, sagt der amerikanische Kryptologe und Historiker David Kahn, »aber nicht alle Leute haben solch gute Geräte, nicht alle benutzen sie richtig, und deshalb können andere die Nachrichten oft entschlüsseln.«

Die komplizierten Codes wie etwa Lucifer oder One-time-pad mögen zwar schwer oder überhaupt nicht zu knacken sein, ihre Schwachstelle liegt jedoch ganz woanders: Da der Empfänger der Nachricht diese ja schließlich lesen will und sie deshalb mit der umgekehrten Reihenfolge der Verschlüsselungsprozedur wieder decodieren muss, benötigt er den Schlüssel, also die Vorschrift, nach der der Text codiert wurde. Irgendwie muss der Schlüssel übermittelt werden.

Bei allen herkömmlichen Methoden ist der Schlüssel nicht mit einem »Kopierschutz« ausgestattet. Fällt er in fremde Hände und wird übernommen, verändert er sich nicht, so dass das heimliche Mitlesen dem Empfänger nicht unbedingt auffallen wird. Harald Weinfurter reduziert es auf das Paradoxon: »Das One-time-pad ist eine perfekte Methode zu kommunizieren, vorausgesetzt, wir können sicher kommunizieren.«

Die Lösung, an der nun seit einigen Jahren Physiker auf der ganzen Welt arbeiten, heißt: Man muss den Schlüssel so übermitteln, dass man einwandfrei feststellen kann, ob jemand mitgehört hat oder nicht. Dies lässt sich mit Hilfe von Quantenkommunikation erreichen. Die Idee zu diesem qualitativ völlig neuen Ansatz hatte Mitte der achtziger Jahre der amerikanische Forscher Charles H. Bennett. Zum ersten Mal sollte nicht die Brillanz der Verschlüsselung, sondern ein physikalisches Grundgesetz dafür sorgen, dass Nachrichten sicher übertragen werden können. Heisenbergs Unschärferelation ist der Grund, warum das Prinzip funktioniert.

Um einen derart revolutionären Gedanken zu entwickeln, muss man in der Lage sein, über Grenzen hinwegzudenken. Bennett gehört offenbar zu diesen Menschen. Er studierte Chemie, beschäftigt sich in seinem Berufsleben aber mit exotischen Fragen wie der Thermodynamik von Computern und den Beziehungen zwischen Physik und Information.

Sein Sinn für ausgefallene und nicht ganz ernst zu nehmende Themen zeigt sich auch auf seiner »inoffiziellen« Homepage. Dort findet der Besucher Dinge wie beispielsweise eine Galerie außergewöhnlicher Klosetts: Vom Plumpsklo in Gambia über die japanische Hightech-Toilette mit individuell einstellbarer Sprühanlage bis zum öffentlichen Abort im Newton-Institut im britischen Cambridge, in dem eine Tafel hängt, »für Mathematiker, deren Ideen nicht warten können«. Ein anderer Link führt zum fiktiven »Institut für ganzheitliche Computer-Wellness«. Hier erfährt der amüsierte Leser alles über Computer-Homöopathie, astrologische Systemanalyse, natürliche Ernährung für Ihren Computer oder Erdstrahlenanalyse. Sogar auf der »offiziellen« Homepage des IBM-Fellows, der im Thomas-J.-Watson-Forschungszentrum bei New York arbeitet, steht neben höchst seriösen Vorträgen und Veröffentlichungen eine »Quanten-Liebesgeschichte, die auf der klassischen Legende von Pyramus und Thisbe beruht«, ferner wunderschöne Fotos von Duschvorhängen und Ähnlichem, die Bennett selbst aufgenommen hat, sowie Musik, die sein Vater einst komponierte.

Auf die Idee zur Quantenkryptografie (QK) hatte Bennett ein alter Freund gebracht, Stephen Wiesner, der sich schon in den sechziger Jahren unfälschbares »Quantengeld« ausgedacht hatte, das sich aber in der Praxis nicht realisieren ließ. Bennett sprach über das revolutionäre Konzept mit dem kanadischen Computerwissenschaftler Gilles Brassard von der Universität Montreal, und die beiden wollten versuchen, eine analoge Methode für abhörsichere Datenübertragung zu entwickeln.

Der Durchbruch kam schließlich, als sie 1984 gemeinsam auf einem Bahnsteig in Croton-Harmon in der Nähe des IBM-Forschungszentrums standen und auf einen Zug warteten. Simon Singh schildert den Moment der Erleuchtung so: »Wäre der Zug ein paar Minuten früher angekommen, hätten sie sich verabschiedet, ohne in der Frage der Schlüsselverteilung weitergekommen zu sein. Doch stattdessen schufen sie, in einem Augenblick blitzartiger Einsicht, die Quantenkryptografie, die sicherste Form der Kryptografie, die je entwickelt wurde.«

»Wir hatten die Idee genau in dem Augenblick, als der Zug einfuhr, und waren ganz aufgeregt«, erinnert sich

Abb. 20: Gilles Brassard
Quelle: http://wyyww2.iro.umontreal.ca/~brassard/index.shtml

Bennett, »aber trotzdem wollte Brassard zurück nach Montreal. So bestieg er also seinen Zug, und wir arbeiteten die Idee dann weiter am Telefon aus.« Das Rezept, das die beiden Forscher sich ausdachten, ist jedenfalls heute nach den Namen seiner beiden Erfinder und dem Entstehungsjahr unter dem Namen BB84-Protokoll bekannt. Es macht sich die Tatsache zunutze, dass Lichtteilchen, also

Photonen, quantenmechanische Objekte sind. Damit besitzen sie – wie wir bereits gesehen haben – eine Eigenschaft, die makroskopische Dinge nicht haben: Sie befinden sich in einer »Überlagerung« verschiedener Zustände. Erst im Augenblick der Messung hört diese Überlagerung auf, und jedes Photon erhält ganz konkrete Eigenschaften.

Ähnlich wie die berühmte Schrödinger'sche Katze gleichzeitig mit einer gewissen Wahrscheinlichkeit tot und lebendig ist, können etwa Photonen gleichzeitig waagrecht und senkrecht polarisiert sein. Benutzt man sie als Informationsträger oder Bits, können sie damit gleichzeitig den Wert Null und Eins haben. Man bezeichnet sie dann als Quantenbits oder Qubits.

Bei der Quantenkryptografie übermittelt der Sender Alice dem Empfänger Bob beispielsweise einen geheimen Schlüssel mit Hilfe derartiger Qubits. Damit können die beiden anschließend ihre Korrespondenz sicher kodieren. »Diese Idee ist so simpel, dass seit der Erfindung der Quantenmechanik im Grunde jeder Student im ersten Semester sie aushecken könnte«, schrieben Grégoire Ribordy und seine Kollegen, die später selbst Großes auf diesem Gebiet leisten sollten, Ende 2001 über die »schöne Idee«. Aber sie kennen auch die Gründe, warum es so lange dauerte, bis jemand tatsächlich darauf kam:

»Erst heute ist das Gebiet ausgereift und die Datensicherheit wichtig genug, und – interessanterweise – sind Physiker erst heute bereit, die Quantenmechanik nicht nur als eine seltsame Theorie anzusehen, die gut ist für Paradoxa, sondern als Werkzeug für neue Entwicklungen … Es ist sicherlich kein Zufall, dass QK und überhaupt die Quanteninformatik von einer Gemeinschaft entwickelt wurde, die viele Computerwissenschaftler und noch mehr mathematisch orientierte junge Physiker umfasste. Es war einfach nötig, ein breiteres Interesse als nur die traditionelle Physik zu haben.«

Bennett und Brassard trugen ihre Idee der Quantenkryptografie zum ersten Mal öffentlich auf einer Tagung in Indien vor, die unter Physikern völlig unbekannt war. Dies war vielleicht mit ein Grund, warum sich die Sache zunächst nur langsam herumsprach. Denn auf Fachkonferenzen bleiben die einzelnen Sparten der Wissenschaft streng unter sich; nie käme ein Quantenphysiker auf die Idee, eine Tagung von Computerspezialisten zu besuchen und umgekehrt. Nicht nur, dass die jeweiligen Fremdlinge gar nicht verstehen würden, worum es geht, ihre Heimatinstitute würden auch auf keinen Fall die Reisekosten übernehmen. So bleibt man immer schön unter sich, und ein häufig von Kritikern als »Wanderzirkus« bezeichnetes Tagungskarussell dreht sich global ständig weiter, aber immer mit den gleichen Figuren.

Dass dies nicht zu interdisziplinärem Denken anregt, liegt auf der Hand. Hinzu kommt noch, dass die Kulturen zwischen den verschiedenen Sparten sehr unterschiedlich sind: Unter Physikern spielen beispielsweise Tagungsprotokolle nur eine untergeordnete Rolle, Veröffentlichungen in renommierten Fachblättern sind hingegen ein Gradmesser für die Wichtigkeit des jeweiligen Autors. Bei den Computerexperten ist es genau umgekehrt: Hier gelten die Berichte der wichtigsten Tagungen als das höchste der Gefühle, während Veröffentlichungen in Zeitschriften sekundär sind.

Trotz aller Hindernisse drangen die neuen Erkenntnisse aber nach und nach doch an die Öffentlichkeit und überschritten sogar die Fachgrenzen. Heute ist das BB84-Protokoll für die Übermittlung eines Schlüssels mit Hilfe von Quantenkryptografie jedem einschlägigen Forscher ein Begriff.

In der Praxis funktioniert es so: Alice schickt an Bob eine Abfolge unterschiedlicher Qubits, etwa polarisierte Photonen. Deren Ausrichtung stellt – quantenmechanisch gesehen – eine Überlagerung aus verschiedenen Polarisationszuständen dar. Aber der Reihe nach:

1. Schritt: Alice sendet an Bob nacheinander einzelne Photonen, die sie vorher polarisiert hat. Angenommen, sie hat vorher mit Bob zwei Möglichkeiten vereinbart, wie sie die Photonen polarisieren kann: entweder nach Schema 1, das vertikal/horizontal (V/H) polarisiert, oder nach Schema 2, das unter einem Winkel von 45 Grad nach rechts oder nach links (R/L) polarisiert. Die Photonen, die sie losschickt, polarisiert sie jeweils nach einem der beiden Schemata, und zwar ganz zufällig. Dann misst sie mit einem Filter deren Polarisationsrichtung. Im Schema 1 soll vertikale Richtung eine 1 bedeuten, horizontale Richtung eine 0. In Schema 2 ist rechts eine 1, links eine 0. Alice merkt sich, zu welchem Zeitpunkt sie ein Photon auf die Reise geschickt hat, nach welchem Schema und mit welcher Polarisationsrichtung.

2. Schritt: Bob erhält die Photonen und misst nun seinerseits mit zwei Detektoren deren Polarisationsrichtung. Detektor 1 entspricht dem Schema 1, Detektor 2 dem Schema 2. Da er nicht weiß, nach welchem Schema Alice jedes Photon polarisiert hat, wechselt er zufällig zwischen Schema 1 und 2 hin und her. Manchmal erwischt er den richtigen Detektor, manchmal den falschen. Benutzt er den falschen, kann er auch Ergebnisse erhalten, da ja die Photonen dann immer noch eine fünfzigprozentige Wahrscheinlichkeit haben, durchgelassen zu werden. Er protokolliert nun ebenfalls seine Ergebnisse.

3. Schritt: Nun telefonieren Alice und Bob über eine ganz normale, öffentliche Leitung miteinander und vergleichen ihre Ergebnisse. Alice teilt Bob mit, welches Schema sie für jedes Photon benutzt hat, aber nicht, welche Pola-

117

risationsrichtung das Photon hatte, also ob es 0 oder 1 symbolisierte. Dann gibt Bob an, wann er das jeweils gleiche – also richtige – Schema verwendet hat. Alle anderen Photonen (und damit alle Fünfzig-Prozent-Ergebnisse) werden gestrichen. Die übrig bleibenden Qubits ergeben nun ein vollkommen zufälliges One-time-pad aus Nullen und Einsen, das sowohl Alice als auch Bob kennen.

Wieso aber soll dieses Verfahren abhörsicher sein? Könnte sich nicht Eve in die Leitung setzen und mithören, indem sie die Photonen abfängt, das Ergebnis aufschreibt und anschließend ein neues Photon mit den gleichen Eigenschaften weiter an Bob schickt?

Nun, wir wollen anhand eines Beispiels untersuchen, ob dies möglich ist: Angenommen, Alice schickt ein Photon, das horizontal polarisiert ist, und Bob hat seinen Detektor zufällig auch so eingestellt. Er müsste also das ankommende Photon immer als 1 erkennen. Wenn Eve das Photon unterwegs abfängt, weiß sie ja ebenfalls nicht, welches Schema Alice verwendet hat. Auch sie kann also nur zufällig eines der beiden Schemata zur Messung verwenden.

Angenommen, sie nimmt Schema 2. Dann wird sie in fünfzig Prozent aller Fälle das Photon detektieren. Wenn sie nun ein neues Photon mit den gleichen Eigenschaften an Bob weiterschickt, tut sie dies nach Schema 2. Bob wird nun, da er ja Schema 1 zum Messen verwendet, in fünfzig Prozent ein falsches Ergebnis bekommen. Eve hat also die Information verändert. Im Durchschnitt erzeugt das Abhören bei 25 Prozent der Bits einen Fehler. Auf einen kurzen Nenner gebracht, kann man also sagen: Jede Messung ergibt eine Veränderung, und keine Veränderung bedeutet: Keiner hat abgehört.

Um dies festzustellen, müssen Alice und Bob nun als vierten Schritt einige ihrer Ergebnisse miteinander vergleichen. Diese Qubits werden anschließend aus der Schlüsselliste gestrichen. Sender und Empfänger wählen zufällig einige Bits aus und gleichen ihre Ergebnisse per Telefon ab. Finden sie dabei eine Fehlerrate von vierzehn Prozent oder mehr, dann wissen sie, dass sie abgehört wurden. Ist dies nicht der Fall, ist ihr One-time-pad sicher. Wurde der Schlüssel abgehört, müssen sie es auf einem anderen Kanal noch einmal probieren. Das bedeutet allenfalls einen Verlust an Zeit, nicht aber an Information, denn der Schlüssel selbst enthält ja noch keine Information, die zur eigentlichen Botschaft gehört, er dient nur als Anleitung zu deren Codierung. »Die Quantenkryptografie gibt uns also nicht ein Mittel, um Abhörer auszuschalten«, so Harald Weinfurter, »sondern sie lässt uns sichergehen, dass kein Spion in der Leitung ist.«

Diese theoretischen Überlegungen klingen höchst einleuchtend. Wie aber sollte man das jemals in der Praxis realisieren? Photonen treten normalerweise in riesigen Mengen auf, einzelne Photonen zu isolieren ist also extrem schwierig. Und diese einzelnen Quanten dann auch noch so zu manipulieren, dass sie bestimmte Polarisationszustände erhalten, das macht die Sache noch komplizierter. So musste man, um einen experimentellen Nachweis für die neue Quantenkryptografie zu erbringen, erst einmal das Problem lösen, derartige Einzelphotonen herzustellen und zu polarisieren. Das Messen der Quanten auf der Empfängerseite ist ebenfalls sehr kompliziert, aber da hatte man doch schon mehr Erfahrungen als bei der Erzeugung.

Wenn man sich diese Schwierigkeiten vor Augen hält, wundert es nicht, dass Charles H. Bennett und wechselnde Mitarbeiter über Jahre hinweg an den Komponenten bastelten, bevor sich der Erfolg einstellte. Gleichzeitig wuchs in der wissenschaftlichen Community die Skepsis, ob eine Realisierung überhaupt möglich sei. Nur Bennett glaubte fest daran. »Wir hatten nicht den geringsten Zweifel, dass es funktionieren würde«, sagte er, »wir fürchteten nur, unsere Hände wären zu grob, um den Apparat zu bauen.« 1988 hatte Bennett alle nötigen Komponenten beisammen, und zusammen mit John Smolin begann er, eine Anordnung zu bauen, mit der er Informationen geheim übermitteln konnte.

Simon Singh schildert den Durchbruch im Jahr 1989: »Eines späten Abends zogen sie sich in ihr Labor zurück, einen stockdunklen Raum, der abgedichtet war gegen verirrte Photonen, die das Experiment stören würden. Nach einem herzhaften Abendessen waren sie so weit, eine ganze Nacht lang an ihrer Apparatur herumzubasteln … Nach stundenlanger Vorbereitung wurde Bennett um drei Uhr morgens Zeuge der ersten quantenkryptografischen Kommunikation.« Er hatte damit beweisen können, dass der Austausch eines geheimen Schlüssels mit Hilfe von Quanten möglich war – auch wenn Alice und Bob in seinem Labor nur dreißig Zentimeter weit voneinander entfernt waren.

Um störendes Streulicht abzuschirmen, hatten die Forscher den Verschlüsselungsapparat mit einer Aluminiumbox umgeben, die etwa 1,80 Meter lang, sechzig Zentimeter hoch und ebenso breit war. »Der Kasten steht heute noch in meinem Büro und dient nun als Sitzbank«, erzählt Charles Bennett, »er hat Griffe an beiden Enden, damit man ihn leichter tragen kann. Kurz nachdem wir ihn gebaut hatten, fand Geoff Grinstein, der im Nachbarbüro arbeitete, er sehe aus wie ein Sarg. Er tat so, als läge eine Leiche darin, und nannte ihn ›Aunt Martha‹ (Tante Martha). Dieser Name ist dem Experiment dann geblieben.«

Die Übermittlung geheimer Daten über eine Entfernung von dreißig Zentimetern ist in der Praxis nicht besonders viel versprechend. Entweder sollte der Abstand wesentlich kürzer sein, wenn man etwa daran denkt, Informationen von einer Kreditkarte zu einem Lesegerät zu übertragen, oder er sollte um ein Vielfaches länger sein, nämlich für die Kommunikation rund um den Globus oder zu einem Satelliten. Aber Bennetts Versuch war ja auch nur ein erster Schritt, und wenn einmal ein Durchbruch geschafft ist, dann gelingt es plötzlich vielen anderen auch, das Gleiche zu erreichen. So war es beim Doppelspalt-Experiment, bei der Teleportation, bei der Herstellung eines Bose-Einstein-Kondensats (siehe Kapitel 5) und eben auch bei der Quantenkryptografie.

Die zunehmende Beliebtheit der Quantenkryptografie als Forschungsthema spiegelt sich auch in der Anzahl der wissenschaftlichen Veröffentlichungen zu dem Thema wider: Lag die Anzahl der Publikationen in den Jahren 1991 und 1992 noch unter 100, so stieg sie danach kontinuierlich an – im Jahr 2000 erschienen schon mehr als 400 Artikel in wissenschaftlichen Zeitschriften.

Mehrere Gruppen beschäftigten sich mit der Übertragung von polarisierten Quanten durch Glasfaserkabel. Dort ist es leichter, den empfindlichen Polarisationszustand der Photonen ungestört beizubehalten, als es in der Luft möglich ist. Die bisher größten Erfolge auf diesem Gebiet erzielte ein Forscherteam um Nicolas Gisin in Genf. Der Professor, dessen Arbeiten in den letzten zwanzig Jahren nur im engsten Kreis seiner Kollegen beachtet und kaum zitiert wurden, stieg mit dieser Veröffentlichung zum dritthäufigst zitierten Experten im Bereich der Quantenkryptografie auf – für ihn selbst eine große Überraschung. Er habe besonderes Glück, so sagte er in einem Interview, dass er diese Quantenrevolution miterleben dürfe, und er fügte hinzu: »Es ist fast sicher, dass noch weitere Überraschungen in der Quantenphysik auf uns zukommen werden.«

Gisins Genfer Testlabor für die Quantenkryptografie hätte allerdings kaum trostloser sein können. »Wir arbeiteten in einem unterirdischen Bunker der Swisscom in Genf, und der riesige Raum war reichlich deprimierend«, erinnert sich Grégoire Ribordy, einer der Mitarbeiter Gisins. »Entlang den Wänden standen Schränke, in denen die Anschlüsse für die Glasfaserkabel steckten; ständig ertönten irgendwelche Alarmglocken, und es gab keine Fenster. Wir hatten nur einen Lichtblick: Die Swisscom betreibt auch ein Kabelnetzwerk fürs Fernsehen, und so konnten wir nebenbei auf einem großen Bildschirm das Programm von MTV verfolgen.«

Trotz der wenig attraktiven Umgebung sind Gisin und sein Team dem schweizerischen Telefon-Netzbetreiber noch heute dankbar, dass er ihnen 1997 für einen ganzen Monat zwei Glasfaserkabel freihielt und für ihre Experimente überließ. Durch die 22,8 Kilometer lange Leitung unter dem Genfer See hindurch schickten die Wissenschaftler mit Hilfe der Quantenkryptografie geheime Nachrichten von Genf nach Nyon.

Dass dieses Verfahren auch über längere Strecken funktioniert, konnten Ribordy und seine Kollegen bei ihren Experimenten 1997 schon nach zwei Wochen beweisen. »Unser Bunker befand sich mitten im Rotlichtviertel der Stadt Genf, deshalb beschlossen wir, Bob hier zu stationieren«, scherzt Ribordy. Die fiktive Alice saß entsprechend in Nyon. Ein Jahr später kamen die Forscher mit einer verbesserten Versuchsanordnung noch einmal zurück: Die Messreihe im März 1998 war so erfolgreich, dass das Team innerhalb eines Tages zeigen konnte, dass es nun alle Voraussetzungen zum Bau eines Prototyps besaß, der für kommerzielle Anwendungen geeignet sein könnte. Ein solcher ist inzwischen auf dem Markt: Die Firma id Quantique, die Grégoire Ribordy und Olivier Guinnard im Oktober 2001 gegründet haben, stellte im Jahr 2002 ein Gerät vor, das man einfach über eine USB-Schnittstelle an den Computer anschließen kann.

Damit ist sie die weltweit erste Firma, die ein Gerät auf Basis der Quantenkryptografie kommerziell anbietet. Über ganz normale Glasfaserkabel kann man dann mit einem Partner einen geheimen Schlüssel austauschen. Die zwei Kästchen für Sender- und Empfängerseite arbeiten vollautomatisch, übermitteln etwa fünfzig Qubits pro Sekunde und kosten zusammen rund 100 000 Euro. Den Genfer Wissenschaftlern ist es damit im März 2002 gelungen, einen Streckenrekord aufzustellen. Sie überwanden per Glasfaserkabel die Entfernung zwischen Genf und Lausanne, die 67,1 Kilometer beträgt.

Kein Zweifel: Die jungen Forscher sind auf Erfolgskurs. Was nach einem Spionagethriller tönt, dürfte ihnen aber in Zukunft vielleicht noch zu schaffen machen: die Embargos von Geheimdiensten, die der absoluten Chiffrierung aus offenkundigen Gründen misstrauisch gegenüberstehen.

Derartig große Entfernungen zu überwinden, ist äußerst schwierig, denn das Problem bei der Übertragung von Qubits ist, dass man sie nicht verstärken kann. In einem Verstärker würde der gleiche Effekt auftreten wie bei einem Abhörer: Er würde die Polarisationsrichtung einzelner Qubits stören. Deshalb können Signale nur begrenzte Kabelstrecken durchlaufen, bevor sie zu stark geschwächt sind.

Die Forschergruppe um Richard Hughes in Los Alamos hat inzwischen mit einem Glasfaserkabel im Experiment eine Strecke von rund 48 Kilometern kryptografisch überwunden. Dort beschäftigt man sich nun auch intensiv mit der Übertragung in Luft. Das Ziel der US-Forscher ebenso wie das der Wiener Gruppe um Anton Zeilinger ist es, mit Quantenphysik Informationen abhörsicher zu Satelliten und zurück zu übertragen. Dann nämlich wäre es möglich, geheime Schlüssel weltweit mittels Quantenkryptografie zu senden.

Die sichere Übertragung sensibler Daten spielt nicht nur in der Politik, sondern auch bei Finanzgeschäften und firmeninternen Mitteilungen eine große Rolle. Dass sich hier ein sensibles Feld auftut, hat mittlerweile auch die Schweizer Post erkannt. Augenzwinkernd erzählt Ribordy, wie sich die Sicherheitsmaßnahmen in den wenigen Jahren während der Arbeiten im Genfer Postbunker verschärften: »Als wir die ersten Experimente durchführten, hieß die Schweizer Post noch Telecom PTT und hatte ein Monopol. Man kümmerte sich kaum um Sicherheitsfragen. Sie gaben uns einfach die Schlüssel zu den Stationen, und das war's. Als wir zum zweiten Experiment zurückkamen, hieß die Post nun Swisscom und hatte das Monopol verloren. Wir erhielten eigene Ausweiskarten mit Bild und Name und magnetische Zugangskarten. Außerdem durften wir uns nun nur noch während der Dienstzeiten in den Räumlichkeiten aufhalten, solange Angestellte da waren.« Die Verhandlungen mit dem Partner Swisscom um das Patent für die Chiffrierungen müssen noch ge-

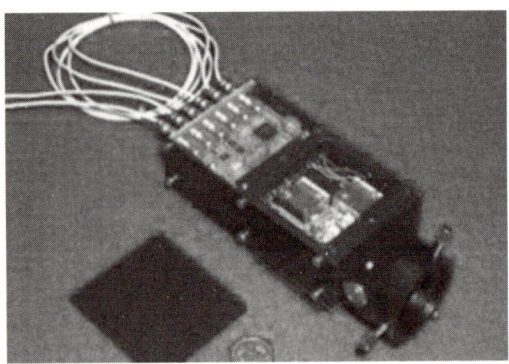

Abb. 21: Der miniaturisierte Receiver der Münchner Forscher auf der Bob-Seite.
Quelle: http://scotty.quantum.physik.uni-muenchen.de/exp/qc/press.html

führt werden und dürften sich auch aus Geheimhaltungs-
gründen schwierig gestalten.

Dass die Schweizer Forscher sich an die Spitze der Entwicklung gesetzt haben, bedeutet für sie einen großen
Marktvorteil: Mit der sicheren Abwehr von Spionen kann
man bald nicht nur viel Geld verdienen, sondern es wird
auch höchste Zeit für eine Neuentwicklung, denn möglicherweise lassen sich bald mit einem Quantencomputer
die konventionellen Verschlüsselungsverfahren, die bisher als sicher gelten, knacken. Mehr darüber im folgenden Kapitel.

Während die Schweizer sich für ihre Arbeit in dunklen
Bunkern einigeln mussten, erprobten die Konkurrenten
aus München ihre Geräte an der frischen Luft. »Wir arbeiteten an einem Modul, das für Freiraum-Übertragungen
geeignet ist«, berichtet Harald Weinfurter. Bei der Miniaturisierung der Endgeräte haben die Münchner Forscher
große Fortschritte gemacht. Während sie anfangs glaubten, mindestens ein Labortisch werde nötig sein, um die
Apparate aufzubauen, sind die Teile inzwischen so klein,
dass sie fast in eine Zigarettenschachtel passen.

Die Gerätschaften, die die Forscher also im Herbst und
Winter 2001 auf die Zugspitze und den Karwendel mit-
nahmen, waren schon weitaus kleiner, als man sich das
wenige Jahre zuvor noch vorstellen konnte. Erstaun-
licherweise waren es dann auch gar nicht die quantenphysikalischen Teile, die bei der Durchführung der Versuche
Probleme machten, sondern der »klassische Kanal«, der
für den Abgleich des BB84-Protokolls nötig ist. Zunächst
wollten die Forscher Mikrowellenfunk dazu benutzen,
aber dies stellte sich schnell als schlecht heraus. Dann versuchten sie es mit Mobiltelefonen – auf der Zugspitze
kein Problem, aber auf Bobs Seite auf der Karwendelspitze musste man ein Funktelefon benutzen. Auch das war
nicht gerade ideal.

Die Lösung brachte schließlich eine geniale Idee: Die Physiker holten sich aus dem Rechenzentrum ausgemusterte Modems für Glasfaserkabel – die normalerweise die Verbindung zwischen einem Computer und dem Glasfaserkabel herstellen –, drehten sie um und ersetzten die Laserdioden durch rote Laser. Mit deren Hilfe gelang es endlich, die klassische Verbindung zwischen Alice und Bob herzustellen, oder genauer gesagt, zwischen deren Computern. Der Laserstrahl bildete die Verbindung, die Übersetzung in die Computersoftware machte das Modem.

Der nächste Schritt war nun, die Schwesterstation haargenau anzupeilen. »Anfangs betrachtet man das grandiose Alpenpanorama und sieht bei der Fülle der Gipfel überhaupt nicht mehr die Stelle, mit der man kommunizieren will«, erinnert sich Christian Kurtsiefer, der auf der Zugspitze stand und per Teleskop die Karwendelspitze ausfindig zu machen versuchte. Aber selbst wenn man mit bloßem Auge die Richtung anvisieren konnte, war es immer noch extrem schwierig, eine exakte Verbindung zwischen Alice und Bob herzustellen.

Auch hier half schließlich eine eher bodenständige Methode. Die Forscher benutzten einen ganz gewöhnlichen grünen Laserpointer von fünf Milliwatt, wie er in jedem Vortragssaal verwendet wird. Mit diesem leuchteten sie hinüber zur anderen Seite. Und obwohl der anfangs haarfeine grüne Lichtstrahl sich über die 23 Kilometer Distanz so stark aufweitete, dass er am Ende einen Fleck von zwanzig Metern Durchmesser ergab, war er auf der anderen Seite noch zu sehen.

»In der Dunkelheit sowieso, aber sogar in der Dämmerung erkennt man das grüne Licht, sobald man hineinschaut«, so Kurtsiefer. So war die Ausrichtung der Messgeräte möglich. Und auch die mündliche Verständigung während der Justierphase erledigten die Forscher mit

Hilfe eines eher primitiven Geräts: mit einem Spielzeug-Walkie-Talkie.

Den Trick mit dem grünen Laserpointer hatte John Rarity schon im Januar zuvor bei einem kleineren Experiment im englischen Malvern ausprobiert. Er hatte dort eine 1,9 Kilometer lange Versuchsstrecke aufgebaut zwischen seinem Forschungsinstitut, einem Institut des britischen Verteidigungsministeriums, und dem Hinterzimmer einer »passend gelegenen Kneipe«, so Rarity. Das grüne Lichtlineal zum Ausrichten der Geräte konnte von den Experimentiermannschaften leicht gesehen werden, aber auch »von ein paar späten Zechern auf dem Heimweg, die es als Halluzinationen abtaten«. Tief in der Nacht zwischen 23.30 und 2.30 Uhr, machten die Physiker ihre Versuche. Wenn geeignete Filter zur Verfügung stehen, wollen sie die Apparate nun so modifizieren, dass man die Quanten auch bei Tageslicht übertragen und erkennen kann.

Als die Versuchsanordnung der Münchner auf den beiden Alpengipfeln endlich stand und funktionierte, war es in der Nacht vom 14. auf den 15. Januar 2002 nur noch eine Sache von wenigen Stunden, bis die beiden Teams eine erfolgreiche Übertragung von Quanten zustande bringen konnten. Das von den Forschern entwickelte und patentierte Sendegerät polarisiert die Photonen, bevor sie ausgesandt werden, in völlig zufälliger Weise. »Gerade die perfekte Zufälligkeit ist eine besondere Herausforderung«, sagt Christian Kurtsiefer. Die Münchner Gruppe erfand dafür einen eigenen Zufallsgenerator, der die quantenphysikalischen Eigenschaften eines Strahlteilers ausnutzt, um perfekt (objektiv) zufällige Ergebnisse zu erzeugen. Der Empfänger registriert dann nicht nur die verschiedenen Grade der Polarisierung, sondern auch den jeweils genauen Zeitpunkt, zu dem die einzelnen Photonen eintreffen. Über den klassischen Kanal verständigen sich

Abb. 22: Der Blick von der Karwendelspitze hinüber zur Zugspitze mit dem Versuchsaufbau im Vordergrund. Quelle: http://scotty.quantum.physik.uni-muenchen.de/exp/qc/press.html

Sender und Empfänger und vergleichen die Sende- und Empfangszeiten. Eine derartig genaue Synchronisation ist heute alltägliche Technik, jedes Handy und jeder GPS-Empfänger beruht darauf. Mit dem genauen Zeitvergleich können Alice und Bob auch klären, welche Signale bei der Übertragung verloren gegangen sind. Der Sender kann diese dann aus seinem Schlüssel streichen, so dass seine Sequenz mit der des Empfängers übereinstimmt. Alles andere entspricht dem bereits beschriebenen BB84-Protokoll.

»Unser nächster Schritt wird nun die Entwicklung von Systemen zur sicheren Kommunikation zwischen Gebäuden im innerstädtischen Bereich sein«, berichtet der Projektleiter Harald Weinfurter. Dies entspricht auch den Anforderungen der Wirtschaft: Banken und Firmen wollen ihre Schlüsselcodes am liebsten direkt zwischen den Filialen austauschen, und das am helllichten Tag. Das bringt neue Probleme, denn die Umgebung in der klaren, kalten Alpenluft war – solange keine Wolken aus dem Höllental heranzogen – ideal. Dort gab es kaum störende Lichtquellen, nur manchmal wurde das Mondlicht vom Schnee reflektiert, oder eine vereinzelte Glühbirne leuchtete in der Nacht.

Die Quanten, mit denen die Forscher arbeiteten, lagen im roten Bereich, deshalb verwendeten die Teams nur Leuchtstoffröhren, die so gut wie kein Rotlicht enthielten und also nicht weiter störten.

Seit die wissenschaftliche Welt nun die Vorzüge der Quantenkryptografie entdeckt und akzeptiert hat, entstanden eine ganze Reihe von Modifikationen des BB84-Protokolls ebenso wie völlig neue Vorschläge zur sicheren Übermittlung eines Schlüssels. Einer der wichtigsten wurde 1991 von Artur Ekert angestoßen, der an der Universität Oxford arbeitete. Seine Idee ist, Alice und Bob mit verschränkten Quanten aus einer einzigen Quelle zu versorgen.

Wie wir bereits im vorangegangenen Kapitel gesehen haben, sind derartige Quanten stets mit einem geheimnisvollen Band verbunden – misst man Photon 1 in einem bestimmten Zustand, so kann man sicher sein, dass Photon 2 genau den gleichen Zustand einnimmt, wenn man es misst. Und das gilt, egal, wie weit sich die beiden voneinander entfernt haben. Im Oktober 1992 erschien ein gemeinsamer Artikel von Bennett, Brassard und Ekert, der zeigte, dass die Gründungsväter der Quantenkryptografie ihre Kräfte in einer fruchtbaren Zusammenarbeit verbunden hatten. So etwas ist in der wissenschaftlichen

Welt mit ihrem ausgeprägten Konkurrenzdenken nicht selbstverständlich.

Eine der Grundvoraussetzungen für die Quantenkryptografie ist, dass man einzelne Photonen erzeugen und sie zufällig in einer Richtung polarisieren kann. Wie aber stellt man einzelne Photonen her? Diese Frage ist von großer Wichtigkeit, denn wenn die Photonenquelle unzuverlässig arbeitet, kann die Kommunikation zwischen Alice und Bob stark gestört werden. Dann kann man unter Umständen durch einen Lauscher entstandene Fehler gar nicht mehr erkennen.

Die meisten Experimentatoren benutzten bisher Laserimpulse, die sie so stark abschwächten, dass am Ende in jedem Impuls nur noch höchstens ein Photon enthalten ist. Das Problem besteht darin, dass dann in den meisten Impulsen überhaupt kein Photon mehr steckt – durchschnittlich nur jeder zehnte Impuls enthält noch ein Photon. Da die Laser jede Sekunde Milliarden von Impulsen abschießen, hat das relativ wenig Bedeutung. Werden hingegen zwei Photonen mit gleicher Polarisation übertragen, könnte womöglich vom Lauscher ein Photon abgezweigt und in seinen Detektor geleitet werden, während der Empfänger das andere Photon erhält. So könnte er nicht feststellen, dass er abgehört wurde.

Aus diesem Grund wäre es den Forschern lieber, sie hätten eine Art Photonenkanone, die immer nur einzelne Quanten erzeugt, und zwar genau dann, wenn man das will. Eine derartige Kanone gibt es heute noch nicht, aber viele Forscher überall auf der Welt arbeiten daran, eine zu entwickeln. Sie verfolgen dabei unterschiedliche Konzepte: Die einen erzeugen verschränkte Photonenpaare in Kristallen, andere bringen mit Lasern Fehlstellen in Diamanten zum Leuchten, wieder andere versuchen, Farbstoffmoleküle in einer Lösung oder in einem Halbleiter zum Aufblitzen zu veranlassen. Das gelingt beispielsweise

Abb. 23: Die winzig kleine Quantenkanone (Durchmesser 5 μm) der kalifornischen Physiker.
Quelle: http://www.heise.de/tp/deutsch/inhalt/co/4571/1.html

der Münchner Gruppe schon recht gut, aber der verwendete Diamant sendet die Photonen in alle möglichen Richtungen aus, nur jedes tausendste fliegt in die Richtung, die die Forscher wünschen. Zur Zeit versuchen sie, die Photonen zu sammeln und in die richtige Richtung zu lenken.

Eine weitere Möglichkeit zur Erzeugung einzelner Photonen besteht darin, so genannte Quantenpunkte in einem Festkörper zur Abgabe eines Lichtblitzes anzuregen. Quantenpunkte sind winzig kleine Halbleiterkristalle, die sich wie »künstliche Atome« verhalten. Sie zu nutzen gelang beispielsweise Ende 2000 einem Wissenschaftlerteam der University of California in Santa Barbara, Kalifornien. Die Forscher bauten ein pilzförmiges Gerät aus Halbleiterschichten. Der nur 200 Nanometer dicke Pilzkopf enthält Quantenpunkte aus Indiumarsenid, die in Galliumarsenid eingebettet sind. Lädt man diese durch

Laserimpulse mit Energie auf, so treten einzelne Photonen aus. Der Nachteil des Systems ist jedoch, dass es nur bei extrem tiefen Temperaturen arbeitet. Ziel der künftigen Arbeiten des Teams um Atac Imamoglu ist die Kontrolle und Manipulation der Elektronen und Photonen, die in einem Quantenpunkt gefangen sind. Diese Arbeiten könnten es künftig auch erlauben, kontrollierte Quantenbits für einen Quantencomputer zu erzeugen.

Kapitel 4
Schneller rechnen mit Quanten

Schade, dass der Nobelpreisträger Richard Feynman schon 1988 gestorben ist. Denn hätte der legendäre Physiker ein paar Jahre länger gelebt, wäre er Zeuge geworden, wie die Vorhersagen, die er als 41-Jähriger in einem Vortrag im Jahr 1959 gemacht hatte, nach und nach eintrafen. Dieser Triumph ist ihm leider versagt geblieben.

»Es ist noch viel Platz da unten«, war der Titel dieser inzwischen weltberühmten Rede, die er am 29. Dezember im kalifornischen Pasadena als After-Dinner-Talk vor der Amerikanischen Physikalischen Gesellschaft hielt. Er betätigte sich darin als Visionär und überlegte, wie klein Apparate oder Computer eigentlich sein dürfen, bevor man an prinzipielle Grenzen stößt. Dabei ging er über alles hinaus, was damals technisch denkbar war. So rechnete er aus, dass es theoretisch möglich ist, die gesamten 24 Bände der ›Encyclopaedia Britannica‹ auf einen Stecknadelkopf zu schreiben. Für jeden einzelnen Buchstaben stünden dann immer noch rund tausend Atome zur Verfügung – eine ausreichende Menge, so meinte er.

Letztlich sagte Feynman in seinem Vortrag 1959 all die Dinge bereits voraus, die dann dreißig bis vierzig Jahre später ihre Entwicklung begannen: Nanotechnik, Mikromotoren, Rastertunnelmikroskope oder die Manipulation einzelner Atome. Und er sprach auch einen Gedanken aus, der sich erst heute allmählich durchsetzt: Warum, so fragte er, sollte man Information immer nur auf die Oberfläche von etwas schreiben (zum Beispiel *auf* einen Stecknadelkopf)? Warum kann man nicht auch das Innere eines Stoffes dazu benutzen, um Daten zu speichern? Wenn man das täte, so schätzte er, dann ließe sich das gesamte Wissen, das die Menschheit in allen Büchern der Welt angehäuft hat, in einem Würfel mit der Kantenlänge von einem halben Millimeter unterbringen, einem Brösel, »kaum größer als ein Staubkorn, den das menschliche Auge gerade noch ausmachen kann. Es gibt also noch viel Platz da unten! Erzählt mir bloß nichts von Mikrofilmen!«

Im Jahr 1981 griff er das Thema wieder auf. Er stellte nun Überlegungen an, ob man mit einem normalen Computer die Welt genau beschreiben könne, und das bezweifelte er: »Ich bin nicht glücklich mit all den Analysen, die behaupten, das ginge mit klassischer Physik, denn die Natur ist verdammt noch mal nicht klassisch. Wenn man eine Simulation der Natur machen will, macht man sie besser quantenmechanisch, und – Menschenskind –, man erhält dabei auch noch ein wunderbares Problem!« Damit vollzog er bereits den ersten gedanklichen Schritt zu einem Quantencomputer, den er dann auch direkt ansprach: »Wie könnte man die Quantenmechanik simulieren? Vielleicht mit einer neuen Art von Computer – einem Quantencomputer?«

Von 1983 bis 1986 hielt Feynman am Caltech in Kalifornien Vorlesungen über Computer zu dem Thema »Möglichkeiten und Grenzen von Rechenmaschinen«. Obwohl er ja keineswegs ein Computerspezialist war, gelang ihm mit diesen Lectures ein ebenso genialer wie zeitloser Überblick über die wichtigsten Themen der Computerwissenschaft. Wie auf allen Gebieten ging der Physiker auch hier mit einem ganz eigenen, spielerischen Ansatz an die Dinge heran. Er empfahl seinen Studenten, an bereits bekannten Sachverhalten Beweisführungen immer weiter zu üben und damit Sicherheit zu gewinnen. »Dann wird es dir eines Tages gelingen, den Spieß umzudrehen und etwas zu entdecken, das keiner vor dir sah! Das ist der Weg, wie man Computerwissenschaftler wird.«

Damit sich eine revolutionäre Idee wie die eines Quantencomputers jedoch in den Köpfen der Wissenschaftler festsetzen konnte, brauchte es einen Generationenwechsel. Und so war es erst der 1952 geborene David Deutsch, Professor an der Oxford University, der Feynmans Idee präzisierte: Quantencomputer können Überlagerungen verschiedener Zustände benutzen, wobei jeder dieser Zustände einen eigenen Rechenweg bedeutet, so lange, bis man das Endergebnis ausliest. »Solche Quantenparallelität«, schrieb Deutsch im Jahr 1985, »könnte potenziell die Leistung klassischer Computer übertreffen.«

Der in Israel geborene Forscher genießt unter Physikern einen schon fast legendären Ruf, obwohl er etwas eigenartig ist und vielen gesellschaftlichen Normen nicht folgt. So glaubt er an die Viel-Welten-Theorie, eine Theorie, die alternativ zur Kopenhagener Deutung die verschiedenen Zustände eines Systems als unterschiedliche Welten interpretiert. Das Beispiel von Schrödingers Katze mag dies verdeutlichen:

Die Katze in Schrödingers Gedankenexperiment ist zugleich lebendig und tot. Der Physiker nennt dies eine Überlagerung von zwei Zuständen. Mathematisch deutet er die Situation durch die Wellenfunktion der Zustände. Bleibt man in der Ausdrucksweise der Physiker, so bringt man dadurch, dass man die Kiste öffnet, also eine Messung macht, die Wellenfunktion dazu zu kollabieren. Bei diesem Kollaps entsteht aus Wahrscheinlichkeit Realität, im Fall von Schrödingers Katze ist es Leben oder Tod.

In dieser Interpretation, die in der schon erwähnten Kopenhagener Deutung festgeschrieben ist, bringt jede Messung und jede Beobachtung die beteiligte Wellenfunktion dazu zusammenzubrechen. Bei genauerem Nachdenken birgt diese Idee aber eine Reihe von Schwierigkeiten. Was passiert zum Beispiel, wenn man die Kiste mit der Katze öffnet, dann aber nicht hineinschaut? Ist dann die Wellenfunktion trotzdem kollabiert? Oder wenn ich hineinschaue und dann das Ergebnis meinem Nachbarn mitteile, kollabiert die Wellenfunktion für ihn dann erneut? Im Grunde sind dies skurrile Fragen, die den Normalbürger sicherlich nicht beschäftigen, aber die Physiker und Philosophen haben sie nicht ruhen lassen.

Unser Alltag, überhaupt der Ablauf der Welt besteht nach der Kopenhagener Deutung in einem unablässigen Kollabieren von Wellenfunktionen. Dies ist eine sehr spröde Interpretation der Welt, wenn es auch vielleicht für Naturwissenschaftler nicht so erscheinen mag. Aber sie hat eine Reihe von Theoretikern nicht befriedigt, so dass sie versuchten, eine alternative Deutung der Quantenmechanik zu entwickeln. Sie wurde bekannt unter dem Namen »Multiwelt«- oder »Viel-Welten«-Theorie.

Vorreiter dieser Hypothese war Hugh Everett, der in den fünfziger Jahren an der Princeton Universität bei John Archibald Wheeler promovierte. Beiden erschien es merkwürdig, dass Wellenfunktionen auf magische Weise kollabieren sollten, wenn man sie beobachtet. Da ja das gesamte Universum aus einer Unzahl einander sich überlagernder Wellenfunktionen besteht, müsse es, so meinten sie, letzten Endes auch jemanden geben, der dieses Universum beobachtet, um seine Wellenfunktionen zum Kollabieren zu bringen und es damit in die Realität zu versetzen.

Um dieses Dilemma aufzulösen, postulierte Everett, dass die einander überlagernden Wellenfunktionen des Universums, die ja, bevor sie kollabieren, eine Vielzahl alternativer Möglichkeiten offen lassen, alle parallel zueinander existieren, ohne jemals zu kollabieren. Der Beobachter bringt die Wellenfunktion dann nicht mehr zum Einsturz, sondern er entscheidet sich lediglich für eine der vielen Möglichkeiten der Realität. Es existieren also ebenso viele Welten parallel zueinander, wie es Überlagerungen von Wellenfunktionen gibt. Abschätzungen sprechen von 10^{100}, eine Zahl mit hundert Stellen, deren Größe alles Vorstellbare weit überschreitet. Für den Betrachter existiert aber jeweils nur eine mögliche Welt, nämlich die, für die er sich mit seiner Beobachtung soeben entschieden hat. Zu den anderen, parallelen Welten kann er keinen Zugang erhalten.

Angewandt auf das Bild der Schrödinger'schen Katze bedeutet dies: Es gibt nicht eine, sondern zwei Katzen. Eine ist lebendig, die andere tot. Die Kopenhagener Deutung sagt, dass der Beobachter durch das Öffnen der Kiste eine der beiden Möglichkeiten in die Wirklichkeit hebe. Everett hingegen meint, dass beide Möglichkeiten weiterhin real sind und sich nur der Beobachter für eine der beiden entscheide. Das radioaktive Atom in der Kiste ist nicht zerfallen oder nicht, sondern es gibt eine Welt mit zerfallenem Atom, eine mit nicht zerfallenem Atom. Beide sind – glaubt man der Multiwelt-Theorie – gleichermaßen real. Und in der Wirklichkeit gibt es eben nicht nur zwei derartige Alternativen, sondern unzählige davon, jede mit ihrer eigenen Welt.

Auch das EPR-Gedankenexperiment aus dem zweiten Kapitel und seine sich daran anschließende Umsetzung in physikalische Wirklichkeit lassen sich durch die Viel-Welten-Theorie erklären. Nach Everett ist es nicht so, dass unsere Entscheidung, welche Polarisationsrichtung eines Photons wir messen wollen, die Polarisation eines Photons irgendwo anders im Universum auf magische Weise zwingt, einen entsprechenden Zustand einzunehmen, vielmehr entscheiden wir lediglich darüber, welche der vielen existierenden Realitäten wir wahrnehmen wollen.

Diese Art, die Welt zu betrachten, ist, wie Everett bewies, mit der Quantenmechanik mathematisch völlig in Einklang zu bringen. Sie erscheint uns nur deshalb eigenartig, weil sie unseren Denkgewohnheiten nicht entspricht. Aber diese Hürde mussten die Quantenphysiker ja schon häufiger überspringen. John Gribbin, der nach eigenem Bekunden die Multiwelt-Theorie für durchaus glaubwürdig hält, hat den grundlegenden Unterschied zwischen der Kopenhagener Deutung und dieser Theorie in einen einzigen Satz gefasst: »Entweder ist nichts real, oder alles ist real.«

Er bringt diese Theorie damit in Zusammenhang, dass die Vergangenheit bestimmt, die Zukunft aber ungewiss ist. In der Vergangenheit »haben wir aus den vielen Realitäten eine reale Geschichte ausgewählt, und sobald jemand in unserer Welt einen Baum gesehen hat, bleibt er dort, auch wenn niemand nach ihm schaut. Dies gilt auch rückwirkend bis hin zum Urknall … In die Zukunft führen jedoch viele Wege, und jeden davon wird irgendeine Version von uns einschlagen. Jede Version von uns wird glauben, einen eindeutigen Weg zu gehen und auf eine eindeutige Vergangenheit zu blicken, aber die Zukunft wird unerkennbar sein, da es so viele Arten von Zukunft gibt.« Fairerweise sollte man noch sagen, dass einer der Väter dieser Multiwelt-Theorie, John Archibald Wheeler, sich später wieder davon lossagte, »weil ich fürchte, dass sie ein zu schweres metaphysisches Gepäck mit sich herumschleppt«, sagte er 1979.

Während die meisten Physiker sich der Kopenhagener Deutung anschlossen, glaubt also David Deutsch fest daran, dass jede Messung entscheidet, in welchem der unzähligen Parallel-Universen man sich befindet. Egal, ob er damit Recht hat oder nicht, die konsequente Anwendung dieser Theorie hat ihn jedenfalls auf die Erfindung des Quantencomputers gebracht. Der ›Zeit‹-Autor Thomas

Vasek hat den Physiker in Oxford besucht und berichtete darüber: »Deutsch ... arbeitet nicht etwa an einem Universitätsinstitut, sondern in einem kleinen Eckhaus am Rande von Oxford. Im Vorgarten, verdüstert von einem morschen Baum, wuchert Unkraut, vor der Eingangstür liegen vom Regen aufgeweichte Werbeprospekte. Häufchen aus Büchern, Zeitschriften und Notizzetteln bahnen den Weg ins Arbeitszimmer. Auf einer Tafel stehen Gleichungen, auf einer meterlangen Schreibtischplatte drei Computer. Über einem hängt ein Einstein-Poster der Firma Apple: ›Think different‹.

Der ... Spross einer österreichisch-jüdischen Familie, der in Israel geboren wurde und im Alter von drei Jahren nach England kam, wollte schon als Kind Physiker werden. Als 13-Jähriger bastelte er sich eine elektronische Addiermaschine, als Student war er ›Taschenrechner-Aficionado‹, und mit 32 Jahren beschrieb er in einer bahnbrechenden Arbeit die Quantenverallgemeinerung der so genannten universellen Turing-Maschine ... Der zerbrechlich wirkende Mann ist von geisterhafter Blässe, denn er denkt ausschließlich nachts, tagsüber schläft er. Sein Haus verlässt er nur, wenn ihn die Gesetze des Alltags dazu zwingen.«

Mit seiner Grundsatzarbeit lieferte Deutsch die zentrale Idee für den Quantencomputer und legte den Grundstein für die Quanteninformatik. Er bewies darin, dass im Prinzip jeder physikalische Vorgang perfekt von einem Quantencomputer simuliert werden kann. Ihn leitete nicht die Absicht, »neue und bessere Computer zu erfinden«, sondern David Deutsch will erforschen, »was die Quantentheorie bedeutet, und was sie uns über die Struktur der Wirklichkeit sagt«. Und dabei erkannte er, dass »die Struktur des Universums oder auch der physikalischen Realität auf dem Informationsfluss« beruht. So konnte Deutsch in seiner Arbeit beweisen, dass man einen universellen Quantencomputer aus einer einzigen Art von Schaltelementen bauen kann.

Nachdem er seine Studie veröffentlicht hatte, begannen viele seiner Kollegen, nach möglichen Anwendungen für eine derartige Maschine zu suchen. Zunächst sah es ganz danach aus, als sei sie zwar eine brillante Idee, aber zu nichts nütze. 1994 jedoch ließ der Computerwissenschaftler Peter Shor den Vorabdruck eines von ihm verfassten Artikels zirkulieren, der die Fachwelt aufrüttelte. Darin beschreibt er, wie ein Quantencomputer dazu benutzt werden könnte, ein wichtiges Problem der Zahlentheorie zu lösen, nämlich die Zerlegung sehr großer Zahlen in Primzahlen. Gleichzeitig gab er auch eine Rechenvorschrift dafür an, einen so genannten Algorithmus. Mit diesem Durchbruch schaffte die Quanteninformatik den Sprung von einer akademischen Kuriosität zu einem Fachgebiet von hohem nationalen und internationalen Interesse, dessen Voranschreiten von Wirtschaft, Politik und Geheimdiensten mit Spannung verfolgt wird.

Der Grund dafür ist, dass die ganze Welt Angst davor hat, irgendjemand könnte genau einen solchen Algorithmus finden und damit die Geheimcodes knacken, die heute die Datensicherheit garantieren. Die Folgen wären gewaltig, denn drahtlose Kommunikation ist riskant. Zwar setzte sich in den neunziger Jahren in vielen Firmen nur ganz allmählich der Gedanke durch, dass die neuen Medien nicht nur Vorteile, sondern auch Gefahren mit sich bringen, aber Aufsehen erregende Einzelfälle zeigten, dass Daten, die rund um den Globus geschickt werden, in der Tat relativ schutzlos dem Zugriff von Konkurrenten, Spionen oder Kriminellen ausgeliefert sind.

So hilfreich das Internet sein mag, seine Unkontrollierbarkeit als offen zugängliches Netz stellt gleichzeitig ein Risiko dar, dem sich jeder aussetzt, der Informationen im Cyberspace übermittelt. Das Gleiche gilt natürlich im

Prinzip auch für jeden Benutzer eines Telefons oder Fax-gerätes. Abhören kann man Informationen an vielen Stellen auf ihrem Weg vom Sender zum Empfänger. Dazu ist oft nicht einmal großes Vorwissen nötig. Schon mit einfachen Geräten für zwanzig Euro kann man konventionelle Leitungen anzapfen. Und die Richtfunkstrecken oder die Funkwege zwischen Bodenstation und Satellit lassen sich mit passiver Elektronik ebenfalls überwachen.

Seien es nun Firmendaten, die zwischen Zweigstellen ausgetauscht werden, Angebote an Kunden oder interne Mitteilungen an Außendienstmitarbeiter – für interessierte Außenstehende stellen diese Informationen oft Wissen dar, das viel Geld wert ist. Entsprechend intensiv sind auch die Bemühungen beim Abhören. Die deutschen Verfassungsschutzbehörden bei Bund und Ländern haben beispielsweise ermittelt, dass sich seit 1995 der Schwerpunkt der nachrichtendienstlichen Aufklärung deutlich von der politischen und militärischen Spionage zur Wirtschaftsspionage hin verschoben hat. Vom Handwerker, dessen Angebote ständig um ein paar Prozent unterboten wurden, bis zu Großkonzernen, denen sichere Staatsaufträge entgingen, waren quer durch die Wirtschaft schon viele betroffen. Der geschätzte Schaden geht in die Milliarden.

Es geht aber nicht nur um Unternehmensdaten. Datensicherheit ist vor allem dort vonnöten, wo es um Geld geht: Die bargeldlose Gesellschaft lebt davon, dass elektronische Informationen durch Netze übertragen werden, etwa zum Geldautomaten, aber auch zu den Ladenkassen, die die Bonität von Kreditkartenkunden prüfen müssen. Hinzu kommt, dass heute praktisch alle großen Unternehmen ihren Zahlungsverkehr mit den Banken elektronisch abwickeln. Und der Einzelkunde, der von seinem PC aus zu Hause am Electronic Banking teilnimmt, vertraut ebenfalls darauf, dass mit seinen Angaben nicht Missbrauch getrieben wird. Alles in allem besteht also ein großer Bedarf an Verfahren und Systemen, die übertragene Daten schützen können. Das Mittel der Wahl ist ihre Verschlüsselung.

Heute werden üblicherweise Computer zum Verschlüsseln von Botschaften eingesetzt. Da die Rechengeschwindigkeiten extrem hoch sind, können die hierzu verwendeten Verfahren sehr kompliziert sein. Ein Problem aber bleibt: Damit sowohl Sender als auch Empfänger die Information verstehen, müssen beide den gleichen Schlüssel besitzen, der eine zum Ver-, der andere zum Entschlüsseln der Nachricht.

Erst wenn der Empfänger die Vorschrift kennt, nach der die Information codiert wurde, kann er sie wieder entschlüsseln. Diese Schlüssel muss man irgendwie schriftlich oder elektronisch übermitteln, und dies bietet natürlich einen Angriffspunkt für eventuelle Abhörer. So konzentrieren sich bei diesen so genannten symmetrischen Verfahren die Bemühungen um Sicherheit in erster Linie auf die Übermittlung des Schlüssels.

Ideal wäre es natürlich, wenn man einen Schlüssel öffentlich austauschen könnte, und nur die beiden Betroffenen könnten etwas damit anfangen. Bei dieser Art von asymmetrischer Verschlüsselung handelt es sich also um einen Schlüssel, der nur zum Chiffrieren taugt, aber nicht zum Dechiffrieren.

Diese Methode schlugen die beiden amerikanischen Mathematiker Martin Hellman und Whitfield Diffie 1976 vor. Ihr so genanntes »Public-Key«-Verfahren kann man im Prinzip vergleichen mit einem konventionellen Telefonbuch. Wenn man den Namen des Teilnehmers kennt, ist es leicht, seine Telefonnummer nachzuschlagen. Ist aber nur die Nummer bekannt, braucht man lange, um den dazugehörigen Teilnehmer zu finden. Das Public Key-Verfahren beruht auf Funktionen, also Rechenvorschriften, die einer mathematischen Einbahnstraße gleichen. Ein Beispiel wäre die Multiplikation von zwei sehr großen Primzahlen. Dies ist natürlich kein Problem; aber es ist außerordentlich aufwändig, aus dem Ergebnis wieder die zwei Primzahlen zu errechnen, aus denen es entstanden ist – Faktorisierung nennt dies der Fachmann. Angenommen, man multipliziert die beiden Primzahlen 131 071 and 524 287 miteinander, dann erhält man ohne größere Anstrengung – selbst ohne Taschenrechner – die Zahl 68 718 821 377. Hat man aber nur diese Zahl und versucht, die beiden Faktoren zu finden, aus der sie gebildet ist, gibt es kein schnelles Rechenverfahren, nach dem man dies ermitteln könnte. So bleibt einem nichts anderes übrig als zu probieren: Wenn man nach und nach die Zahl durch alle Primzahlen teilt und untersucht, ob die Rechnung aufgeht, wird man beim 131 070sten Versuch erfolgreich sein.

Je mehr Stellen die Zahl hat, desto länger dauert es im Schnitt, bis man die Faktoren findet. Bei den heute gebräuchlichen RSA-Codes, die in den USA im Jahr 2000 patentiert und nach ihren Erfindern Rivest, Shamir und Adleman benannt wurden, kommen selbst die größten Rechner der Welt schnell an ihre Grenzen. Die größte bis zum Jahr 2003 faktorisierte Zahl hatte 155 Ziffern. Auch wenn die Leistungsfähigkeit der Computer weiter zunimmt, hat das noch nicht viel zu bedeuten: Der Computerwissenschaftler Donald Knuth schätzte, dass die Zerlegung einer Zahl mit 220 Ziffern mit den besten heute bekannten Verfahren über eine Million Jahre dauern würde, selbst wenn ein Netzwerk von einer Million Computern daran arbeitete. Für die Zerlegung einer 5000stelligen Zahl in ihre Primfaktoren benötigt ein leistungsfähiger klassischer Computer sogar mehr als fünf Billionen Jahre. David Deutsch glaubt: »Niemand kann sich denn auch nur vorstellen, wie eine Zahl mit tausend oder gar einer

Million Ziffern faktorisiert werden könnte.« Jedenfalls bis vor kurzem.

Im Licht dieser Entwicklungen ist es also nicht verwunderlich, dass das Problem der Primzahlzerlegung nicht nur Mathematiker und Grundlagenforscher interessiert. Im Gegenteil: Die Geheimdienste aller Länder würden viel bezahlen, wenn sie ein effizientes Verfahren dafür bekämen. Seit 1994 steht es schon auf dem Papier: Ein Quantencomputer, der mit dem Shor-Algorithmus rechnet, hätte die Lösung in gut zwei Minuten. Der Wissenschaftler konnte mathematisch beweisen, dass dann die RSA-Verschlüsselung nicht mehr sicher wäre.

Die Rechenvorschrift ist also schon da, was noch fehlt, ist der zugehörige Quantencomputer. Fachleute vermuten deshalb auch, dass die Kryptografie das erste große Anwendungsgebiet für die neuen Rechner sein wird. So glaubt beispielsweise Peter Zoller von der Universität Innsbruck: »Quantencomputer werden sicher nicht gebaut werden, damit ein Textverarbeitungsprogramm schneller läuft.«

Wohlgemerkt, auch wenn es 1994 schon einen Algorithmus für den Quantencomputer gab, blieb er selbst bisher noch Theorie – also das, was man früher in der Quantenphysik ein Gedankenexperiment genannt hätte. Experten haben sich mittlerweile unterschiedliche Varianten ausgedacht: Die Schaltelemente eines Quantencomputers könnten einzelne Atome oder gar nur Teilchen sein. Da die Welt des Allerkleinsten von den Gesetzen der Quantenmechanik bestimmt wird, würden für diese Schaltelemente eigenartige Regeln gelten: Alles ist ungewiss, die Beschreibung der Zustände ist rein statistisch und beruht auf Wahrscheinlichkeiten; Teilchen können gleichzeitig an verschiedenen Orten sein, sie können in geheimnisvollem Zusammenhang miteinander stehen oder übergangslos von einem Ort zum anderen springen – eine merkwürdige Grundlage für einen Computer, der exakt und zuverlässig rechnen soll.

Deshalb hielten bis vor wenigen Jahren die meisten seriösen Forscher die Realisierung eines Quantencomputers im Grunde für ein Hirngespinst. Das hat sich im Licht der neuesten Fortschritte auf allen Gebieten der Quantenmechanik inzwischen gründlich geändert. Zwar liegt ein Quantencomputer noch immer in weiter Ferne, aber er gilt nicht mehr als Spinnerei.

Information ist bekanntlich aus Bits zusammengesetzt, mit denen herkömmliche Computer rechnen. Dort kann ein Bit den Wert 0 oder 1 haben, und es wird repräsentiert durch den Ladungszustand eines Schaltelements. Ähnliche Strukturen findet man in der Quantenmechanik, dort gibt es Zustände, die 0 oder 1 entsprechen, etwa der Anregungszustand eines Atoms oder die Achsrichtung eines rotierenden Teilchens, Spin genannt. So liegt es nahe, diese Ähnlichkeit auszunutzen, um einen Computer zu bauen. Ein angeregtes Atom könnte beispielsweise einer 1 entsprechen, eines im Grundzustand einer 0. Oder Spin nach oben hieße 1, Spin nach unten 0.

Das klingt trivial, aber auf diese Idee musste man erst einmal kommen. Als die beiden Amerikaner Benjamin Schumacher vom Kenyon College und Michael Westmoreland von der benachbarten Denison University in Ohio den Vorschlag 1994 zum ersten Mal publizierten, spielten die Medien verrückt; alle großen Zeitungen berichteten über die Idee, und ein Berichterstatter der Amerikanischen Physikalischen Gesellschaft meinte, dies sei »eines der wichtigsten Resultate des Jahres in der Informationstheorie, und es wird wahrscheinlich später als Meilenstein der Quantenmechanik und Informationstheorie angesehen werden«.

Was war denn nun so aufregend an dem Vorschlag der beiden Forscher, die fünf Jahre lang zusammengearbeitet hatten? Nun, sie hatten zum ersten Mal in voller Klarheit erkannt, wie Information in Quantensystemen kodiert wird, also etwa von Molekülen, Atomen, Atomkernen oder Elementarteilchen. Wenn man beispielsweise ein einzelnes Photon betrachtet, dann hat man ein Teilchen ohne Masse vor sich, das sich mit Lichtgeschwindigkeit bewegt, keine elektrische Ladung trägt und unendlich lang lebt. Schumacher und Westmoreland fanden nun heraus, dass man das Photon dazu bringen kann, Information zu transportieren, indem man ihm eine bestimmte Polarisationsrichtung gibt (siehe auch Kapitel 2). Wenn man dann die Richtung der Polarisation quer zur Fortpflanzungsrichtung des Photons als 0 oder 1 definierte, war es damit plötzlich fähig, Daten zu transportieren. Für die Bits der Quantenwelt hat Benjamin Schumacher dann auch gleich noch den schönen, griffigen Namen »Qubit« erfunden.

So weit, so gut. Quantenmechanische Objekte haben jedoch eine Eigenschaft, die wir aus unserem Alltagsleben nicht kennen: Sie befinden sich nicht in einem eindeutigen Zustand, sondern immer in einer Überlagerung aller möglichen Zustände gleichzeitig. So kann also ein Qubit gleichzeitig 0 und 1 sein. Erwin Schrödinger, einer der Väter der Quantenmechanik, hat dies anschaulich mit seinem schon mehrfach erwähnten Bild von der Katze erklärt, die gleichzeitig tot und lebendig ist.

Betrachtet man also zwei Qubits, so können sie die vier Zustände 00, 01, 10 und 11 annehmen, und zwar alle gleichzeitig. Die Zahl der möglichen Kombinationen steigt schnell an; 32 Qubits ergeben schon vier Milliarden Varianten. Im Quantencomputer will man sich diese Vielfalt zunutze machen: Jede Rechenoperation, die man durchführt, würde ja dann in allen Zuständen gleichzeitig ablaufen. Mit zwei Qubits berechnet man automatisch vier Werte gleichzeitig, mit 32 Qubits vier Milliarden

Werte. So hätte man einen höchst potenten Parallelrechner.

Das Problem bei der Sache ist jedoch ein weiteres Gesetz der Quantenmechanik: Die Überlagerung der Zustände hält nur an, solange man das System nicht stört. Die seltsame, ungewisse Welt des Verschwommenen und Ungenauen verwandelt sich schlagartig in unsere gewohnte festgefügte Welt des Erfahrbaren, wenn man darangeht, etwas zu messen. In dem Augenblick, in dem ein Messgerät ins Spiel kommt, verändert sich die Wirklichkeit so, dass man sie exakt beschreiben kann. Die Überlagerung bricht sofort zusammen, es bleibt nur ein einziger Zustand übrig, nämlich der ermittelte Messwert. Bei Schrödingers Katze entspricht dies dem Öffnen der Kiste. Auch hier reduziert sich die Überlagerung von tot und lebendig auf eine bestimmbare Aussage, also einen messbaren Wert. Die Quantenmechanik gibt lediglich an, mit welcher Wahrscheinlichkeit der eine oder andere Messwert voraussichtlich auftritt.

In einem Quantencomputer kann man demnach viele parallele Rechnungen gleichzeitig durchführen, aber man kann normalerweise jeweils nur ein bestimmtes Ergebnis ablesen, da die Messung die Überlagerung zum Kollabieren bringt; das Qubit wird zum ordinären Bit. Dies passiert übrigens auch bei unbeabsichtigten Kontakten mit der Außenwelt, deshalb muss ein Quantensystem solche Kontakte nach Möglichkeit vermeiden, damit es stabil bleibt.

Der 1959 geborene Peter Shor, der seit 1986 als Mathematiker an den AT&T Labs in Florham Park, New Jersey, arbeitet, hat diese Eigenart des Quantencomputers berücksichtigt. Er machte sich bei seinem Algorithmus die Tatsache zunutze, dass sich zwischen den Qubits so genannte Interferenzen herausbilden können, ähnlich den Akkorden in einem Musikstück. Seth Lloyd, Professor am

Massachusetts Institute of Technology (MIT) in Cambridge bei Boston, hat dies anschaulich mit einem Bild erklärt: »Werte von 0 oder 1 sind reine Töne, eine Überlagerung von 0 und 1 entspricht jedoch einem Akkord. Eine quantenparallele Rechnung ist wie eine Symphonie: Der Klang setzt sich aus vielen Wellen zusammen, die miteinander interferieren.«

Gemäß diesem Bild hat Peter Shor in seinem Algorithmus ein Verfahren erfunden, das die richtigen »Akkorde« in dem Konzert so deutlich hervortreten lässt, dass sie sich ohne weiteres von den übrigen Tönen abheben. Durch Auswertung dieser Akkorde kann er dann die richtige Lösung, also die Primfaktoren großer Zahlen, ermitteln.

Sein Vorschlag hätte unvorstellbare Folgen für die Weltwirtschaft, denn dann könnten alle RSA-Codes geknackt werden. Momentan müssen sich die großen Banken jedoch keine Sorgen machen, denn trotz optimistischer Prognosen steckt der Quantencomputer noch in den Kinderschuhen, echte Code-Knacker werden erst in einigen Jahrzehnten erwartet. Der IBM-Forscher Rolf Landauer beispielsweise meint: »Ich würde mein Geld nicht in ein Unternehmen investieren, das vorschlägt, einen Quantencomputer zu bauen.« Und auch David Deutsch glaubt, dass wir noch ein paar Jahrzehnte auf den ersten richtigen Quantencomputer warten müssen: »Das Rechnen mit Quanten ist eine der größten Herausforderungen an die Experimentalphysik. Die Landung auf dem Mond ist nichts dagegen.«

Der Weg dorthin scheint jedoch vorgezeichnet. »Alles in der Elektronik wird immer kleiner«, so Gerhard Rempe, Direktor am Max-Planck-Institut für Quantenoptik in Garching bei München. »Derzeit haben die Leiterbahnen auf den Chips eine Breite von ein paar hundert Nanometern. Der Trend geht jedoch weiter. Heute stören Quanteneffekte in der Mikroelektronik noch nicht. Wenn die geometrischen Begrenzungen aber immer kleiner werden, spielt irgendwann die Wellennatur der Elektronen eine Rolle. Man erwartet, dass man etwa im Jahr 2015 ins Quantenregime eintaucht.« Dann ist vielleicht auch der Quantencomputer nicht mehr weit.

Aber schon heute machen sich viele Forscher Gedanken darüber, wie man ihn realisieren könnte. Eine nahe liegende Möglichkeit sind so genannte Ionenfallen, also Geräte, in denen man ein einzelnes Ion oder sogar ein Atom einfangen und von der Außenwelt isolieren kann (mehr dazu siehe auch im folgenden Kapitel). Meist werden in solchen Fallen einige Atome durch elektromagnetische Felder bei sehr tiefen Temperaturen in einem Vakuum festgehalten. Manipuliert werden sie durch Laserstrahlen. Computer, die auf diesem Prinzip beruhen, müssten technisch allerdings extrem aufwändig sein. Da man viele Atome gleichzeitig dieselbe Rechnung ausführen lassen will, um möglichst viele der überlagerten Zustände als Messergebnis zu erhalten, sind Ionenfallen für die Praxis wohl nicht empfehlenswert.

Aus diesem Grund räumen Experten seit einiger Zeit einer anderen Idee höhere Realisierungschancen ein: Neil Gershenfeld vom MIT und Isaac L. Chuang von der University of California in Santa Barbara schlugen 1997 vor, die Moleküle einer Flüssigkeit als Schaltelemente für den Quantencomputer herzunehmen – die Kaffeetasse als Quantencomputer sozusagen. Der Physiker Gershenfeld, Forschungsleiter am MIT-Medienlabor, ist bekannt für unkonventionelle Denkansätze. So hat er beispielsweise ein intelligentes Hypercello für den Cellisten Yo Yo Ma bauen lassen, er hat Computer in Kleidung und Schuhe integriert und die Bewegung des Trägers für die Energieversorgung genutzt, und er hat intelligente Möbel erfunden. Seine Computer erkennen ihren Besitzer und reagieren auf dessen Gefühle. Aus diesem Grund traut man

Gershenfeld in der Zukunft auch flüssige Quantencomputer zu.

Manche Moleküle, beispielsweise Koffein oder Chloroform, besitzen ein magnetisches Moment, das heißt, sie richten sich im Magnetfeld in eine bestimmte Richtung aus. Die beiden Forscher benutzten nun die Techniken der so genannten Kernspinresonanz (NMR), um diese Moleküle zu manipulieren. Man besitzt damit schon eine Menge Erfahrung, denn seit Jahren wird NMR in der Medizintechnik in den großen Kernspintomografen eingesetzt.

Mit Hilfe starker Magnetfelder und der Einstrahlung von Mikrowellen gelang es Gershenfeld und Chuang, Moleküle in der Flüssigkeit gezielt umzukippen. Damit haben sie – computertechnisch gesehen – eine logische Operation ausgeführt. Die Moleküle wurden zu Schaltelementen, die Felder zum Programm. Das Besondere daran ist obendrein, dass jedes Atom seine Nachbarn beeinflusst, etwa das Kohlenstoffatom im Chloroform das daran gebundene Wasserstoffatom. Gershenfeld und Chuang gelang es so, ein logisches Gatter zu realisieren. Sie erprobten es allerdings nicht mit dem Shor-Algorithmus, dafür wäre es zu primitiv gewesen, sondern mit einer anderen Rechenvorschrift, die von Lov K. Grover stammte.

»Unsere erste Quanten-Programmierübung war der Suchalgorithmus, den sich Lov K. Grover von den AT&T-Laboratorien ausgedacht hat«, berichteten die beiden US-Forscher. Ihr Zwei-Qubit-Computer suchte aus einer Liste von vier Möglichkeiten in nur einem einzigen Schritt die richtige Lösung aus. »Auf dem üblichen Weg würde man im Durchschnitt zwei bis drei Schritte brauchen.«

Grovers Algorithmus beschäftigt sich mit dem Finden von Daten in langen Listen. Dies ist ebenfalls für die Kryptografen wichtig und löst beispielsweise die Aufgabe,

Quantenlogik

Hinter dem Verfahren der Kernspinresonanz NMR steckt folgendes Prinzip: Die Energie eines Atomkerns, der im Magnetfeld kreiselt, ist unterschiedlich, je nachdem, ob der Spin (die Achsenrichtung des Kreisels) parallel oder entgegengesetzt zum Magnetfeld ist. Angenommen, ein Molekül besteht aus zwei Atomen, so können deren Spins vier verschiedene Kombinationen bilden: ↑↑, ↑↓, ↓↑ und ↓↓. Jeder Spin wirkt wie ein winziger Stabmagnet, und die vier Kombinationen haben deshalb unterschiedliche Energieniveaus. Wenn man von außen mit Mikrowellen genau die Energiedifferenz einstrahlt, die zwischen den Niveaus liegt, kann man Spins umkippen und damit Atome von einem Zustand in den anderen versetzen.

Das NEIN-Gatter bei einem Atom:
⇒⇒⇒⇒ ↓ verwandelt sich in ↑
(⇒⇒⇒⇒ kennzeichnet die eingestrahlte Energie)

Das NEIN-Gatter bei zwei Atomen:
⇒⇒⇒⇒ ↑↓ verwandelt sich in ↑↑ und umgekehrt

Das »Wurzel aus NEIN-Gatter« gibt es nur in der Quantenmechanik. Hier wird der Spin eines Atoms nur um neunzig Grad gekippt, es entsteht eine Überlagerung von zwei Zuständen. Der Mikrowellenimpuls, der hierzu nötig ist, hat die gleiche Frequenz wie vorher, aber nur die halbe Dauer. Nochmals ausgeführt, ergibt sich die NEIN-Operation, daher der Name.

⇒⇒   ↑↓ verwandelt sich in ↑↓ und ↓↓

in einem Telefonbuch mit einer Million Eintragungen eine bestimmte Nummer zu finden. Normalerweise benötigt man dazu durchschnittlich 500 000 Schritte. Grover konnte nachweisen, dass sein Quantenalgorithmus jedoch nur die Wurzel aus einer Million Schritte, also rund tausend Schritte braucht.

Das Suchen bestimmter Informationen in großen Listen ist jedoch nicht nur für die Entschlüsselung geheimer Informationen wichtig, sondern auch in vielen Bereichen der Wirtschaft fast schon unentbehrlich. In den Jahren der elektronischen Datenverarbeitung haben sich in den Archiven von Banken, Versicherungen und Versandhäusern Unmengen von Daten angesammelt, die ungenutzt vor sich hin schlummern.

Die Fahndung nach relevanten Informationen ähnelt der Suche nach einer Nadel im Heuhaufen und stellt eine Herausforderung für viele Mathematiker dar. So ist es nicht verwunderlich, dass sich in den letzten Jahren auf diesem Gebiet viel getan hat.

Es begann 1990 mit einem Hilferuf des Kaufhauskonzerns Marks and Spencer beim IBM-Forschungszentrum Almaden in San Jose/Kalifornien. Jahrelang hatte das Unternehmen Daten über seine Kunden und deren Kaufverhalten gespeichert, und nun verfügte man über Informationen von mehreren Gigabyte, konnte aber nichts Gescheites damit anfangen. »Es stellte sich heraus, dass die Firma einen Nutzen aus den Datenmengen ziehen wollte, den traditionelle Analysesysteme nicht bieten konnten«, erinnert sich IBM-Mann Rakesh Agrawal, der daraufhin als Projektleiter damit betraut wurde, neue Verfahren zu entwickeln, die auch solch gigantische Datenmengen durchforsten konnten. Die Programme sollten dazu dienen, versteckte Informationen zu finden, die für den Händler möglicherweise wichtig sind, und zwar in einer vernünftigen Rechenzeit.

Es wurde deutlich erkennbar, dass für das Sammeln der Daten weit mehr Sorgfalt aufgewendet wurde als für deren Auswertung. Ganze vier Prozent der Informationen, so schätzten die Manager von Marks and Spencer, habe man vor 1990 überhaupt nur genutzt. Zu wenig für eine erfolgreiche Unternehmensführung, denn derartige Datenbanken können sich – effektiv ausgewertet – als richtiggehende Goldminen entpuppen. Software-Berater, die sich hier als Schatzsucher betätigen, bezeichnen sich als »Miner« – Bergleute, die im Bergwerk der Daten nach Goldadern oder wenigstens Nuggets suchen. Heute kann man bei großen Software-Anbietern derartige »Data Mining«-Programme erwerben, und sie haben mancher Firma schon großen Nutzen gebracht.

So wollten beispielsweise die Manager eines Versandhauses in Münster erfahren, welche Artikel oft gemeinsam gekauft wurden, um zukünftige Angebote danach auszurichten. Die Analyse der Kundendaten ergab unter anderem, dass der Käufer einer Uhr häufig auch Kugelschreiber bestellt. »Der Handel kennt nicht alle Wünsche der Kunden«, betonte der zuständige Abteilungsleiter, »Data Mining legt Zusatzbedürfnisse offen. Die konkreten Erkenntnisse nutzen wir bei der Gestaltung unserer Kataloge.« Logisch, dass im nächsten Katalog die Kugelschreiber neben den Uhren zu finden waren.

In kaum einer anderen Branche verfügen die Händler über so detaillierte Kundendaten wie im Versandhandel. Die Datenbanken enthalten hier nicht nur Angaben darüber, wie häufig bestimmte Artikel geordert wurden, sondern zusätzlich auch Namen, Adressen, Bestelldatum und Ordervolumen der Kunden. Richtig genutzt, kann man daraus typische Handlungsmuster ermitteln. Günstigstenfalls lassen sich die Kunden nach der Analyse bestimmten Gruppen zuordnen, deren Kaufverhalten mehr oder weniger gut vorhergesagt werden kann. Aus den Vorlieben der

Gruppen ergeben sich nicht nur eine andere Kataloggestaltung, sondern auch neue Strategien bei Werbung und Marketing. Angenommen, ein großer Teil der Kunden, der bei der Erstbestellung einen Bürostuhl erworben hat, kauft bei einer der nächsten Bestellungen eine Schreibtischlampe. Bei einer Marketing-Aktion für Schreibtischlampen würde man nun den Kundenkreis, der schon einen Bürostuhl bestellt hat, bevorzugt anschreiben.

Auf den ersten Blick erscheint es leicht herauszufinden, wie viele Kunden Uhren und Kugelschreiber gemeinsam gekauft haben. Schwierig wird die Aufgabe aber in dem Augenblick, wo man nicht vorher weiß, nach welchen Kombinationen man suchen soll. Der Data Miner fragt: Welche Kombinationen von unterschiedlichen Waren wurden am häufigsten gekauft? Wenn Tausende von Artikeln analysiert werden müssen, steigt die Anzahl der möglichen Kombinationen ins Astronomische, mit konventionellen Abfrageverfahren ist da nichts mehr auszurichten.

»Assoziierung« nennen die Data Miner das Auffinden von Mustern im Kaufverhalten von Kunden oder im Finanzgebaren von Kreditnehmern. »Die Mathematiker arbeiten dabei mit aussagenlogischen Ausdrücken, die mit Wahrscheinlichkeiten kombiniert werden«, erklärt Johannes Grabmeier, bei IBM für das Thema Data Mining zuständig. Daraus entwickelten sie Regeln wie etwa die folgende: »Achtzig Prozent der Kunden, die Pfandbriefe und Bausparverträge besitzen, nutzen ihre Kreditlinie regelmäßig voll aus«, oder: »Dreißig Prozent der Leute, die Windeln kaufen, kaufen auch Bier.«

Aber nicht nur im Versandhandel hilft Data Mining. Auch die Analyse der elektronisch registrierten Kassenbons eines Supermarkts, eines Kaufhauses oder einer Einzelhandelskette gibt Aufschluss über Dinge, die selbst der erfahrenste Filialleiter mit bloßem Auge oder gesundem

Menschenverstand nicht mehr erkennen kann. »Der Bon als Stimmzettel des Konsumenten«, sagt Edmund Michels, der in der Düsseldorfer IBM-Filiale Kunden aus Handel und Dienstleistung beriet, »erhält durch Data Mining eine völlig neue Bedeutung.«

Durch Rationalisierung und Komprimierung der Rechenverfahren ist es den Mathematikern gelungen, die Rechenzeit auch bei umfangreichen Analysen in erträglichem Rahmen zu halten. Edmund Michels berichtet von einer Untersuchung, bei der 300 000 Kassenbons analysiert wurden, auf denen etwa 50 000 unterschiedliche Artikel registriert waren. Es wurden – unter bestimmten Einschränkungen – rund 4000 signifikante Artikelverknüpfungen gefunden. »Die notwendige Rechenzeit zur Analyse lag bei zirka fünfzehn Minuten«, berichtet er stolz.

So vielfältig heute die Ansätze sind, es sind erst die Anfänge. Die Gartner Group sieht im Data Mining zusammen mit den entsprechenden Höchstleistungsrechnern und parallelen Datenbanken einen der größten Wachstumsmärkte der kommenden Jahre. Und Data Mining ist nicht nur eine Domäne der Finanz- und Firmenwelt. Zunehmend werden Algorithmen auch für andere aufwändige Suchaufgaben, beispielsweise für Bilder und Texte, entwickelt: So gibt es inzwischen Software, die Bildinhalte analysiert. An der Universität Bremen wurde ein intelligenter »Image Miner« vorgestellt, der Bilder automatisch auf ihre Inhalte hin analysiert und bei einer Anfrage selbständig passende Bilder auch aus großen Datenbanken auswählt. Eine Erweiterung des Verfahrens auf Videoszenen ist der nächste Schritt.

Es gibt kaum ein Gebiet der elektronischen Datenauswertung, in dem nicht durch kreatives Data Mining Fortschritte erzielt werden könnten. In der digitalen Datenbank des Observatoriums auf dem Mount Palomar liegen beispielsweise Milliarden von Daten über Sterne am Nachthimmel. Zu gern hätten die Astronomen gewusst, welchen Lichtpunkt sie genauer betrachten sollten, wenn sie besonders lohnende Objekte finden wollten. Data Mining brachte ihnen einen entscheidenden Fortschritt: Mit Entscheidungsbäumen und anderen Regelwerken fand man sechzehn vorher unerkannte Quasare, die sich in den Datenmengen verbargen.

Seit das menschliche Genom entschlüsselt wurde, gibt es auch hier gigantische Anwendungen für einen effizienten Suchalgorithmus. Denn um die Wirkungsweise einzelner Gene zu identifizieren, ist es nötig, in den Datenbanken Milliarden unterschiedlicher Gene miteinander zu vergleichen beziehungsweise Unterschiede herauszufinden. Dies kann nur gelingen, wenn ein superschnelles Verfahren zur Verfügung steht.

Angesichts dieser vielfältigen Anwendungsmöglichkeiten erhoffen sich viele Mathematiker entscheidende Impulse von Algorithmen wie dem, den Grover erdacht hat und mit dem die Rechenzeiten um Größenordnungen verkürzt werden könnten. Und alle warten gespannt auf den ersten wirklich funktionierenden Quantencomputer.

Von der technischen Realisierung eines solchen Superrechners ist man zwar noch weit entfernt. Doch den Forschern Isaac L. Chuang und Costantino Yannoni gelang es im Dezember 2001 im IBM-Almaden Research Center immerhin, mit einem Quantensystem die Zahl 15 in ihre Primfaktoren zu zerlegen und damit die bislang komplexeste Berechnung auf Quantenbasis durchzuführen. Wer über diese »gigantische« Leistung in hämisches Gelächter ausbrechen möchte, sollte sich einmal vor Augen halten, wie 1947 der allererste Transistor ausgesehen hat. Dieses Bauteil, das heute milliardenfach in den Computern der Welt steckt, war damals so groß wie ein Radiergummi, wurde von einer aufgebogenen Büroklammer festgehal-

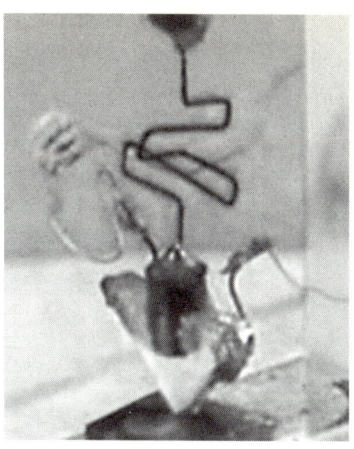

Abb. 24: Dies war der erste Transistor der Welt, in den Bell Labs erfolgreich erprobt von John Bardeen und Walter H. Brattain am 23.12.1947. Er wurde von einer aufgebogenen Büroklammer gehalten.
Quelle: http://www.ed2go.com/demo/transistor.jpg

ten und schwebte ständig in Gefahr, bei der leisesten Erschütterung auseinander zu fallen. Vergleicht man die Raffinesse dieses ersten Transistors mit der des ersten Quantencomputers, sieht man der Zukunft des Letzteren etwas optimistischer entgegen.

Bei genauerem Hinsehen war die Leistung der beiden Wissenschaftler größer, als das einfache Ergebnis vermuten lässt: Sie realisierten einen 7-Bit-Quantencomputer. Dazu verwendeten sie eigens zu diesem Zweck entworfene Moleküle, die sieben nukleare Spins haben. Sie werden getragen von fünf Fluor- und zwei Kohlenstoff-Molekülen.

Diese können miteinander wechselwirken und so einen Quantencomputer bilden. Programmiert werden sie, indem man sie mit Radiowellen-Impulsen bestrahlt, und das Ergebnis wird ausgelesen mit Instrumenten, ähnlich wie sie in Krankenhäusern und Chemielabors bei der NMR-

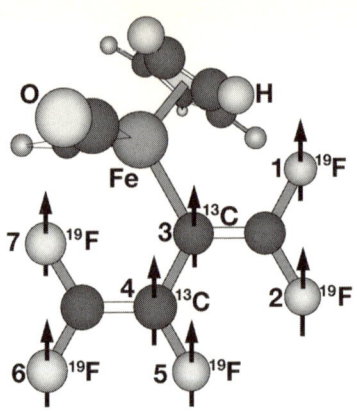

Abb. 25: Dieses Molekül diente als Quantencomputer. Die Pfeile bezeichnen die Spins.
Quelle: http://www.research.ibm.com/resources/news/20011219_quantum.shtml

Tomografie verwendet werden. So gelang es ihnen, den Shor-Algorithmus anzuwenden und 3 und 5 als Faktoren von 15 zu errechnen.

Der Quantencomputer sah nicht gerade wie ein Computer aus, denn er bestand aus einem kleinen Röhrchen, das in Form einer Flüssigkeit eine Milliarde mal eine Milliarde (10^{18}) dieser Moleküle enthielt. »Wir müssen uns jetzt der Herausforderung stellen, den Quantencomputer in die technische Wirklichkeit zu übersetzen«, sagte Isaac L. Chuang, der Leiter des Forschungsteams und Professor am MIT, »wenn wir derartige Berechnungen in größerem Rahmen machen könnten – sagen wir mal mit Tausenden von Qubits, wie man sie für die Faktorisierung großer Zahlen braucht –, würde das die Kryptografie zu großen Veränderungen zwingen.«

Eines der Hauptprobleme bei der Realisierung eines Quantencomputers ist nach wie vor das Auslesen der Ergebnisse: Die Überlagerung der Zustände hält nur an, solange man das System nicht stört. Shors Faktorisierung hat schon den Weg gewiesen, und der Quantenphysiker Harald Weinfurter erklärt die Lösung so:

»Im Quantencomputer erhält man als Resultat eine Überlagerung aller Einzelergebnisse. Das Dümmste, was man tun kann, ist, diesen Wert direkt zu messen. Wenn man statt dessen gemeinsame Eigenschaften aller überlagerten Ergebnisse sucht, etwa gewisse Regelmäßigkeiten wie die Dauer einer Schwingung, erhält man neue, zusätzliche Informationen.« Unterzieht man also die Überlagerung aller Ergebnisse im Quantencomputer – ohne sie auszulesen – einer Transformation, dann kann man Nutzen aus der Parallelität ziehen, ohne sie zu zerstören. Dieses clevere Vorgehen steckt eben auch in Peter W. Shors Algorithmus.

Die Robustheit eines Quantencomputers ist ein weiteres großes Problem. »Was man immer noch nicht weiß, ist, wann genau die Gesetze der klassischen Physik aufhören und die der Quantenphysik anfangen«, gibt der Münchner Professor Gerhard Rempe zu bedenken. »Normalerweise gelten diese nur bei mikroskopisch kleinen Objekten. Nun bestehen aber Quantencomputer wie klassische Rechner aus logischen Gattern. Wenn man viele dieser Bausteine kombiniert, wird das System immer größer, und man muss fragen: Ist es dann noch ein Quantensystem, oder ist es schon klassisch?«

Ein Kriterium hierfür ist offensichtlich, wie stark das System in Wechselwirkung mit seiner Umgebung tritt. Ist der Kontakt zu eng, wirkt diese wie ein Messgerät und zerstört die Überlagerung. Dann reduziert sich ein Qubit sofort auf ein gewöhnliches Bit. »Wenn man pessimistisch sein will«, meint Rempe, »kann man allein deshalb schon glauben, dass der Quantencomputer gar nicht funktioniert.«

Im Jahr 1996 jedoch gelang es erstmals einem Forscherteam an der Pariser École Normale Supérieure, ein Experiment durchzuführen, bei dem das Messgerät eben kein makroskopisches Objekt ist, sondern seinerseits ebenfalls den Gesetzen der Quantenphysik gehorcht. In Anlehnung an Schrödingers Katze nannten es die Wissenschaftler »Quantenmaus«. Michel Brune, Serge Haroche, Jean-Michel Raimond und ihre Gruppe versetzten ein einzelnes Rubidium-Atom mit Hilfe von Laserimpulsen in eine Überlagerung von zwei gleichzeitigen, hoch angeregten Zuständen. Dieses Atom schickten sie durch einen Hohlraum, der die Schwingungen des Atoms gleichsam übernahm, oder anders ausgedrückt, das Atom erzeugte in diesem Hohlraum eine Resonanzschwingung. Auch diese bestand aus der Überlagerung der beiden Zustände, entsprach also quasi Schrödingers halbtoter Katze.

Nun untersuchten die beiden französischen Forscher, wie stabil diese Überlagerung unter verschiedenen Bedingungen blieb. Zu diesem Zweck erfanden sie ein raffiniertes Messgerät: Es besteht aus einem zweiten Atom, das sie durch den Hohlraum fliegen ließen und das dessen Schwingung übernahm. Anschließend konnte man seinen Zustand in einem Detektor überprüfen.

Haroche vergleicht das zweite Atom mit einer Quantenmaus, die im Vorbeiwandern den Zustand der Schrödinger'schen Katze überprüft, ohne die Kiste zu öffnen. Und diese geniale Quantenmaus ist nicht, wie von Bohr postuliert, ein Gegenstand der klassischen Physik, sondern sie ist selbst ein quantenphysikalisches Objekt, weil sie so winzig ist.

Das Ergebnis des Experiments zeigte, dass der Übergang vom Quantenzustand zur klassischen Physik nicht schlagartig, sondern allmählich erfolgt. Je größer der Zeitabstand zwischen dem Durchgang des ersten und des zweiten Atoms durch den Hohlraum war, desto wahrscheinlicher wurde es, dass die Überlagerung der beiden Zustände bei der Messung bereits kollabiert war. Das Fazit der Forscher: Beim Übergang vom Mikro- zum Makrokosmos geht die Quantenphysik ganz allmählich in die klassische Physik über. Je größer das betrachtete System, desto kurzlebiger sind Überlagerungen zwischen zwei Zuständen, etwa tot und lebendig. Im makrophysikalischen Alltag wird man ihnen also wohl nie begegnen.

Ein ganz entsprechendes Ergebnis erhielten die amerikanischen Physiker Chris Monroe und David Wineland vom National Institute of Standards and Technology in Boulder, Colorado. Sie erzeugten an einem Beryllium-Atom ebenfalls durch Laserimpulse eine Überlagerung von zwei Hyperfeinzuständen. Diese entstehen durch die Wechselwirkung der Elektronen in der Atomhülle mit den elektromagnetischen Feldern des Atomkerns. Diese Überlagerung wurde mit einer Schaukelbewegung des Atoms in einer Ionenfalle verbunden. Monroe verglich die Anordnung mit einem Kind auf einer Schaukel, das hin und her schwingt, gleichzeitig aber auch her und hin schwingt. Eine Momentaufnahme würde das Atom zur selben Zeit an zwei verschiedenen Orten zeigen. Der Abstand zwischen diesen beiden Orten betrug nach den Berechnungen der amerikanischen Forscher rund achtzig Nanometer. Sie fanden nun heraus, dass der Überlagerungszustand umso schneller wieder zerfällt, je größer die Distanz der gekoppelten Teilatome ist. Auch hieraus lautet die Schlussfolgerung, dass bei den Abmessungen unserer Alltagswelt keine quantenmechanischen Überraschungen zu erwarten sind.

Achtzig Nanometer ist jedoch ein Abstand, der von den Abmessungen der elektronischen Schaltkreise, die heute in den Labors der Computerindustrie entwickelt werden, nicht mehr allzu weit entfernt ist. So könnte es sein, dass eine noch weitere Miniaturisierung der Computerchips uns bald in die Wunderwelt der Quantenphysik führt und doch noch eine direkte Verbindung herstellt zwischen unserer Alltagswelt und den Ungewissheiten, die Schrödinger vorhergesagt hatte.

Wie ein Quantencomputer am Ende wirklich aussehen wird, ist noch völlig offen. In der Tat sind Ionenfallen teuer und unhandlich, die Möglichkeiten der Kernspin-Apparaturen durch die Stärke des Magnetfelds nach oben begrenzt. Mehr als zehn Qubits gleichzeitig kann man dort bei Zimmertemperatur kaum zum Rechnen bringen. Man müsste dazu nämlich sehr große Moleküle benutzen, und in diesen Gebilden sind die Atome zu weit voneinander entfernt. Diese Schwierigkeit könnten nur völlig neue Algorithmen überwinden. Seth Lloyd vom MIT hat zumindest theoretisch schon gezeigt, dass ein Rechner auch dann funktionieren kann, wenn jedes Atom nur mit wenigen seiner Nachbarn wechselwirkt. Er meint, dass man auf diese Weise Quantencomputer sogar aus dem Material von Plastiktüten bauen könnte.

Aber es gibt noch ein weiteres, ganz prinzipielles Problem: Nicht nur das Auslesen des Ergebnisses bringt die Überlagerung der Zustände zum Kollabieren, sondern auch eine Überprüfung von Zwischenergebnissen zur Fehlerkorrektur. Heutige Computer haben Kontrollmechanismen eingebaut, die automatisch jede Rechnung überprüfen und Fehler ausmerzen. Da aber jede Überprüfung mit einer Messung verbunden ist, kommt diese Art von Fehlerkorrektur für einen Quantencomputer nicht in Frage. Bei der Vielzahl der Moleküle in einer Flüssigkeit bei einem NMR-Quantencomputer lässt sich dieses Problem vielleicht durch die schiere Masse umgehen: Einzelne fehlerhafte Rechnungen treten gegenüber der überwiegenden Mehrzahl in den Hintergrund.

Darauf kann man sich aber in der Regel nicht verlassen. Um sinnvolle Rechnungen auszuführen, muss auch ein

Quantencomputer eine große Anzahl von Schritten nacheinander ausführen können – so erfordert beispielsweise die Faktorisierung einer Zahl mit einigen hundert Stellen etwa eine Billion Schritte. Wenn bei jedem Schritt auch nur ein kleiner Fehler passiert, ist das Ergebnis nicht mehr brauchbar. Und kleine Störungen wird es bei einem Quantencomputer immer geben, denn er reagiert ungewöhnlich empfindlich auf den Kontakt mit der Außenwelt, der sich aber nicht vollständig vermeiden lässt. Deshalb ist auch bei ihm eine Art von Fehlerkorrektur notwendig, und Quantenphysiker haben sich dafür bereits eine elegante Methode ausgedacht.

Wieder war es der äußerst kreative IBM-Forscher Charles Bennett, der daran maßgeblich beteiligt war. Zusammen mit seinen Kollegen David DiVincenzo, John Smolin und William Wootters erfand er eine Methode, mit Hilfe von verschränkten Quanten Fehler zu korrigieren. Die Forscher schlugen vor, anstatt der wertvollen Qubits ihre verschränkten Zwillinge durch den Computer zu schicken, wo sie gestört werden können. Manche gehen dort verloren, aber die überlebenden kann man retten und zur Teleportation verwenden. Damit könnte man im Computer Qubits störungsfrei von einem Ort zum anderen verfrachten, ohne dass man materielle Photonen hin- und herschicken müsste. Der Effekt, der inzwischen in vielen Experimenten gelungen ist (siehe Kapitel 2), bringt die Physiker ins Schwärmen: Man könnte damit, so glauben sie, nicht nur Fehler während der Rechnung korrigieren, sondern auch die simultane Kopplung von Daten in unterschiedlichen Speichern bewerkstelligen, unabhängig von äußeren Einflüssen, sozusagen in Form von Telepathie zwischen den Quanten.

Wie aber kann man einen solchen Quantencomputer überhaupt programmieren? Mit den herkömmlichen Algorithmen kommt man hier nicht weiter, denn sie sind auf klassische logische Operationen ausgelegt und für Quantenphänomene nicht geeignet. Wie kommt man mit den seltsamen Überlagerungen von Zuständen bei den Qubits zurecht, und wie kann man mit ihnen rechnen? Neil Gershenfeld, der schon auf die glänzende Idee mit den flüssigen Quantencomputern kam, ist auch hier wieder an vorderster Front. Und er ist in der Lage, die komplizierte Theorie einfach zu erklären. Qubits, so schrieb er 2001 in einer populären »Quantenkonversation« im Wissenschaftsmagazin ›Science‹, »leben auf der Oberfläche einer exponenziell großen Kugel im Hilbert-Raum, die man ›Bloch'-sche Kugel‹ nennt«. Auch wenn man nicht versteht, was sich hinter dem Begriff Hilbert-Raum verbirgt, bleibt das Bild anschaulich: »Quantencomputer arbeiten mit Operatoren, die Rotationen im Hilbert-Raum ausführen und dabei die Informationsmenge des Zustands nicht verändern. Man nennt sie unitäre Operatoren.« Ein Auslesen, also Messen des Zustands würde ja Information aus dem System abziehen, die Informationsmenge würde geringer.

Wie die unitären Operationen wirken, erklärt Gershenfeld dann anhand des Einparkvorgangs beim Auto: »Wenn man parallel einparkt, benutzt man eine Anzahl von Operatoren (vorwärts fahren und Lenkung einschlagen, rückwärts fahren und Lenkung einschlagen), um daraus einen Operator zusammenzusetzen, der für das Auto unmöglich ist, nämlich es seitwärts zu bewegen. Genau so etwas machen Quantencomputer.« Man kann sich die Rechnung auch vorstellen als Wanderung auf der Kugel im Hilbert-Raum: Man kann ein Ziel mit vielen kleinen suchenden Schritten auf der Kugeloberfläche erreichen, aber auch schnell auf das Ziel zusteuern. Grovers Algorithmus zur Suche eines bestimmten Eintrags in einer langen Liste tut genau das. Er »beginnt damit, dass er das System in eine Überlagerung aller möglichen Antworten bringt«, erklärt Gershenfeld, »so dass er bereits eine kleine Komponente in Richtung auf die richtige Antwort hat. Die Antwort ist schon da, aber versteckt wie eine Nadel im Heuhaufen. Der Algorithmus wendet dann wiederholt eine Abfolge von Operatoren an, die den Zustand in die richtige Richtung drehen und dabei die Komponente im Vergleich zu den anderen verstärken.« Nach einer bestimmten Anzahl von Schritten ist die Nadel im Heu leicht zu finden. Es ist, als würde man auf der Kugel im Hilbert-Raum »eine Abkürzung nehmen, ohne all die klassischen Schritte zu machen, die zwischen der Anfangsvermutung und der richtigen Antwort liegen«.

So gibt der Quantencomputer viel Raum für Phantasie und Spekulationen. Und er hat, noch bevor er überhaupt existiert, die Grundlagen der Informationswissenschaft mit einer Vielzahl neuer Ideen bereichert. Heute ist es nicht mehr verpönt, über fachliche Grenzen hinwegzudenken, etwa von der Computerwissenschaft hinüber zur Physik oder gar zur Biologie. Denn eines haben etliche Forscher inzwischen erkannt: Die Natur ist uns auch auf dem Gebiet der Rechner ein paar Schritte voraus. So fragte beispielsweise Seth Lloyd, heute einer der führenden Denker auf diesem Gebiet, 1988 in seiner Doktorarbeit, wie Dinge in sehr kleinem Maßstab mit Information umgehen, und wie man gewöhnliches Material, etwa ein Salzkorn oder ein Stück Würfelzucker, dazu bringen könnte, Informationen zu verarbeiten. Er ist noch immer fasziniert von diesem Gebiet und ist bestrebt »zu verstehen, wie sehr große, komplexe Systeme Information verarbeiten. Das ist der Schlüssel zum Verständnis für ihr Verhalten, ihr Versagen, ihre Arbeitsweise und was daran gut oder schlecht funktioniert.« Diese Aussage nennt man inzwischen »Lloyd's Hypothese«, und sie gilt als revolutionäre Neuerung in den Naturwissenschaften. Der Professor am MIT findet Quantencomputer »cool« und erforscht auch heute noch, wie Informationsverarbeitung in den unterschiedlichsten Systemen funktioniert – angefangen vom Atom bis hin zur menschlichen Gesellschaft. So hat er eine Vielzahl von Möglichkeiten entdeckt, wie die Natur Informationen speichert.

Und er hat auch ermittelt, wo sie an ihre Grenzen stößt: Im August 2000 veröffentlichte er in ›Nature‹ einen Artikel mit dem Titel »Die ultimativen Grenzen des Rechnens«. Darin nimmt er zunächst Bezug auf Moores Gesetz, nach dem Computerspeicher alle achtzehn Monate ihre Kapazität verdoppeln. Dies, so betont er, ist natürlich kein Naturgesetz, sondern beruht auf technologischen Fortschritten in den letzten zwanzig Jahren, etwa der Erfindung der integrierten Schaltkreise. Irgendwann wird Moores Gesetz an ein Ende kommen. Lloyd sieht aber auch dann noch wesentlich umfangreichere Möglichkeiten, Informationen zu speichern. Heutige Laptops können etwa 10^{10} Bits speichern, also etwa zehn Milliarden. Die Grenzen, so meint Lloyd, sind erreicht, wenn ein Laptop 10^{31} Bits speichert, mehr geht wohl nicht. Dies ist allerdings eine rein theoretische Möglichkeit. Um sie zu erreichen, müsste jedes einzelne Atom des Laptops bei der Speicherung von Informationen mithelfen, und im Grunde müsste der Computer seine gesamte Materie in Energie verwandeln. Er würde sich dann in ein heißes Plasma von Millionen Grad Celsius verwandeln und ähnlich aussehen wie die Explosion einer Wasserstoffbombe – natürlich kein besonders gutes Design für einen Laptop.

Eine andere Erkenntnis der Grundlagenforscher ist aber auch die Bestätigung von Deutschs These, dass die Natur sich perfekt von einem Quantencomputer nachbilden lässt. Neil Gershenfeld geht sogar so weit zu sagen: »Wenn man natürliche Mechanismen benutzen kann, um Quantencomputer zu bauen, bedeutet das nichts anderes, als dass die Natur selbst eine Art Computer ist.« Bisher, so meint er, hat man bei der Erklärung der Natur zum

Beispiel mit Gleichungen gearbeitet, die man mit einem Füller auf ein Blatt Papier schreiben kann. Es ist nichts Fundamentales an diesen Gleichungen. Aber ein Quantencomputer würde direkt nach den Naturgesetzen arbeiten, und wenn man ihn programmiert, muss man die Sprache dieser Naturgesetze verstehen und anwenden. Aus diesem Grund erhofft sich Gershenfeld, dass das zunehmende Wissen darüber uns nicht nur hilft, Computer zu programmieren, sondern auch zu verstehen, wie die Welt wirklich funktioniert. Damit schließt sich der Kreis, denn genau das hatte der gute alte Richard Feynman bereits 1981 vorhergesagt.

Kapitel 5
Neuartige Materie

Die Nacht des 30. September 1995 in einem Forschungslabor des berühmten Massachusetts Institute of Technology (MIT) wird in die Geschichte eingehen: Sie veränderte das Leben des deutschen Physikers Wolfgang Ketterle und bescherte ihm eine Entdeckung, deren Tragweite heute noch kaum abzuschätzen ist. Hier, auf dem Campus am Ufer des Charles River, der Boston von der Universitätsstadt Cambridge trennt, gelang es ihm und seinem Team drei Wochen vor seinem 38. Geburtstag, eine völlig neue Art von Materie herzustellen, einen Stoff, den es auf der Erde normalerweise nicht gibt. Er kann nur in extremer Kälte existieren, in einer Kälte, wie sie auf der Erde nicht vorkommt, deshalb hatte man diese Art von Materie hier vorher noch nie gesehen.

Es war so, als würden Wesen, die auf der Sonne leben, plötzlich unsere normalen Feststoffe kennen lernen. Dort, auf der Oberfläche unseres Zentralgestirns, herrschen Temperaturen von mehreren tausend Grad – feste Gegenstände sind bei dieser Hitze längst geschmolzen, ja verdampft. Selbst die Gase sind auf der Sonne anders als bei uns: Die Gasatome prallen bei der enormen Hitze mit so großer Wucht aufeinander, dass sie ihre äußere Hülle, die Elektronen, verlieren. So gibt es auf der Sonne praktisch keine neutralen Atome mehr, sondern nur noch positiv geladene Atomrümpfe und frei umherfliegende Elektronen. Physiker nennen dieses Gemisch ein Plasma. Von der

Abb. 26: Wolfgang Katterle.
Quelle: http://cua.mit.edu/ketterle_group/ketterle.htm

Erde aus sehen wir es, denn es leuchtet hell und ist verantwortlich für den Sonnenschein auf unserem Planeten. Wegen der großen Hitze sind also auf der Sonne Festkörper ganz und gar undenkbar. Würde ein Wesen dort leben, würde es diese Art von Materie für sehr exotisch halten, und es wären sehr große Anstrengungen nötig, um auf der Sonne auch nur ein winziges Stückchen feste Materie herzustellen.

Im Gegensatz zu diesem fiktiven Sonnenbewohner halten wir feste Materie für völlig normal, weil es auf der Erde so viel kälter ist als auf der Sonne. Vielleicht – so könnte man dieses Beispiel weiterspinnen – gibt es irgendwo draußen im Weltall andere Wesen, die in einer Umgebung leben, die noch viel kälter ist als unsere Erde. Diese Lebewesen würden dann vielleicht die Materie für ganz normal halten, die Wolfgang Ketterle 1995 in seinem Labor hergestellt hat.

Bose-Einstein-Kondensat (BEC) wird diese Art von Materie genannt. Sie einfach so in einem irdischen Labor mit bloßem Auge zu sehen, das war lange Zeit absolut undenkbar. Undenkbar, aber trotzdem theoretisch möglich. Albert Einstein war in seinen kühnen Gedankenspielereien siebzig Jahre zuvor schon so weit gegangen, zumindest Berechnungen für eine derartige Materie anzustellen. Mehr nicht. Alles Weitere lag zunächst im Dunkeln.

Das Team um den jungen Forscher Wolfgang Ketterle aus Heidelberg, der erst fünf Jahre zuvor als Postdoc nach Boston gekommen und mittlerweile zum Assistenzprofessor aufgestiegen war, bestand aus Wissenschaftlern aller Nationen und Hautfarben. Die Gruppe exzellenter Physiker hatte sich ein Ziel gesteckt, das schwieriger kaum sein konnte: Man wollte Materie fast bis zum absoluten Nullpunkt kühlen und sehen, was dann geschieht. Leidenschaft und viel, viel Geduld waren nötig, aber am Ende gelang der Coup. Wolfgang Ketterle erhielt im Jahr 2001 dafür den Nobelpreis für Physik. Davor stand aber ein gnadenloser Wettlauf mit einer zweiten Forschergruppe in Boulder, Colorado, den Ketterle beinahe verloren hätte. Eigentlich hat er ihn auch verloren; nur Glück und sein unbeugsamer Wille, am Erfolg teilzuhaben, bewahrten ihn vor einem Desaster.

Warum ist Materie bei den tiefsten Temperaturen für Physiker so interessant? Ketterle erklärt das am Beispiel mit der Sonne: »Stellen Sie sich vor, wie viele Aspekte der Natur wir nicht kennen würden, wenn wir auf der Sonne lebten. Wenn wir dort keine Kühlschränke erfänden, würden wir nur gasförmige Materie kennen und nie Flüssigkeiten oder Feststoffe kennen lernen. Wir würden beispielsweise nie die Schönheit von Schneeflocken sehen.«

Nur das Abkühlen auf – verglichen mit der Sonne – sehr tiefe Temperaturen würde es ermöglichen, diese dramatisch anderen Materiezustände kennen zu lernen. »Aber das ist erst der Anfang«, meint Ketterle, »beim weiteren Abkühlen kommen noch viele neue Zustände zum Vorschein … So verwandelt sich beispielsweise ein Gas unterhalb einer bestimmten Temperatur in eine Quantensuppe aus ununterscheidbaren Atomen.« Und eine solche Quantensuppe wollten er und sein Team erzeugen.

Physiker arbeiten gerne nachts. Die stillen Stunden zwischen Büroschluss und frühem Morgen, wenn das Telefon schweigt und die Hektik des Tages vorüber ist, hat für sie eine eigenartige Magie. Nun ist Zeit zum systematischen Arbeiten ohne äußere Störung, Zeit zum Herumprobieren, aber auch Zeit zum intensiven Nachdenken, zum Austausch von Ideen und Gedanken. So ist beispielsweise kein Platz der Welt kommunikativer als die Kantine des internationalen Teilchenforschungszentrums CERN (Conseil Européen pour la Recherche Nucléaire, heute: Organisation Européenne pour la Recherche Nucléaire) bei Genf um drei Uhr morgens. Bleiche Wissenschaftler mit zerwühltem Haar kommen dann in der Messpause auf einen Kaffee vorbei, sitzen mit bebrillten Kolleginnen und glatzköpfigen Yuppies an den Tischen und haben nur eines im Kopf: Wie sie die neuesten Messungen interpretieren, den Computer besser ausnutzen, die Experimentieranordnung verbessern können, und vor allem, was das gerade gefundene Ergebnis zu bedeuten hat. Da gibt es oft heiße Diskussionen bei einem Stück Kuchen oder einer Riesenportion Eiscreme.

Aber nicht nur am CERN wird nachts gewerkelt. Die Nacht ist überall die Zeit der Forscher, egal, an welchem Punkt des Globus. Auch am MIT laufen die Experimentatoren erst gegen Mitternacht zu Hochform auf. Stundenlang hat man probiert, justiert, gebastelt und gemessen, hat die Vorschläge, die man tagsüber ausgedacht und diskutiert hat, in die Tat umgesetzt. Und irgendwann plötzlich passt dann alles zusammen: Irgendwann zeigt der Bildschirm das entscheidende Messsignal, den Peak in der Kurve, auf den man monatelang hingearbeitet hat und der beweist, dass die theoretischen Annahmen richtig waren. Dann sind alle glücklich.

Eine solch atemlose Nacht muss auch jene Septembernacht gewesen sein, als Wolfgang Ketterle und sein Team ihren Durchbruch schafften. Das penibel geführte Laborjournal dokumentiert den Augenblick auf die Sekunde genau: Um 6:03 Uhr und 18 Sekunden morgens sahen die Wissenschaftler auf ihrem Bildschirm einen dunklen Punkt, der sich in den darauf folgenden elf Sekunden immer schärfer herausbildete: das Negativbild eines leuchtenden Atomwölkchens inmitten ihres Gewirrs von optischen Instrumenten, Messgeräten, Pumpen und Kühlaggregaten ganz im Zentrum der Versuchsanordnung. Auf das Erscheinen dieses Leuchtsignals hatten sie gewartet wie die Heiligen Drei Könige im Morgenland auf den Stern. Der winzige Lichtpunkt zeugte vom Auftauchen eines Phänomens, über das man seit sieben Jahrzehnten in der Wissenschaft munkelte, an dessen wirkliche Existenz aber so recht niemand geglaubt hatte. Und nun war es mit bloßem Auge zu sehen. Natürlich ist man als Physiker immer skeptisch, und so war es auch hier. Die Forscher maßen genauer nach, mehrmals, aber fünfzehn Minuten später war klar: Sie hatten ein Bose-Einstein-Kondensat vor sich. Ein dickes Ausrufezeichen im Laborjournal zeugt von diesem historischen Augenblick.

Wolfgang Ketterle erinnert sich, dass er großen Stolz empfand und sich dessen bewusst war, dass er und seine Kollegen in diesem Moment etwas Außergewöhnliches geschaffen hatten. Bald würden sie ihre Entdeckung teilen müssen mit anderen, mit der internationalen wissenschaftlichen Community. Aber dieser Moment war einmalig und bewegend.

Ein Bose-Einstein-Kondensat also. Selbst eingefleischte Physiker können mit diesem Ausdruck wenig anfangen, bis vor kurzem kannte überhaupt niemand das Wort. Es erinnert an zwei weltberühmte Forscher: an Albert Einstein und an Satyendranath Bose.

Einstein muss nicht mehr vorgestellt werden, ist er doch der wohl berühmteste Physiker der Welt, zu seiner Zeit gefeiert, verehrt, aber auch angefeindet wie ein Popstar. Er entwickelte die Spezielle und die Allgemeine Relativitätstheorie und rüttelte damit an den Grundfesten des physikalischen Weltbilds. Skeptiker, die ihm bei seinen revolutionären Gedankengängen zunächst nicht folgen wollten und sie für Hirngespinste hielten, wurden durch experimentelle Beweise schließlich eines Besseren belehrt. 1921 erhielt er den Nobelpreis für seine Arbeiten zum photoelektrischen Effekt. Einstein begleitete in den zwanziger Jahren die Diskussionen über die aufkommende Quantentheorie stets mit kritischem Verstand, und er tat das, was seine ganz spezifische Stärke war: Er dachte die Dinge zu Ende, mit aller Konsequenz. So erkannte er auch, dass es bei sehr tiefen Temperaturen eine besondere Art von Materie mit außergewöhnlichen Eigenschaften geben müsste.

Der Inder Satyendranath Bose ist natürlich weniger bekannt als sein weltberühmter Kollege, obwohl praktisch jeder Physiker seinen Namen häufig in den Mund nimmt, ohne sich dessen bewusst zu sein: Nach ihm sind nämlich die »Bosonen« benannt, Teilchen mit ganzzahligem Spin, etwa Photonen. In seiner Heimatstadt Kalkutta brachte er zunächst Mathematikstudenten die Relativitätstheorie bei und übersetzte Einsteins Arbeiten über die Allgemeine Relativitätstheorie. Mit 27 Jahren wurde er Lektor an der Dacca University. In dieser Zeit schrieb der damals noch

173

völlig unbekannte Physiker seine später berühmt gewordene Abhandlung ›Planck's Law and the Hypothesis of Light Quanta‹ und schickte sie an Einstein zur Begutachtung. In seinem Begleitbrief schrieb er: »Sehr verehrter Herr, ich habe es gewagt, Ihnen den beiliegenden Artikel zu senden mit der Bitte, ihn zu prüfen und mir Ihre Meinung dazu zu sagen. Sie werden sehen, dass ich versucht habe, den Koeffizienten … in Plancks Strahlungsformel unabhängig von der klassischen Elektrodynamik abzuleiten.« Ein ziemlich mutiges Unterfangen für einen jungen Physiker am anderen Ende der Welt, sich mit einem solchen Ansinnen an den großen Einstein zu wenden. Aber ohne den einflussreichen Fürsprecher hätte Bose wohl keine Chance gehabt, seine Theorie in einem angesehenen wissenschaftlichen Journal zu veröffentlichen.

In seiner Abhandlung ging es um Folgendes: Ludwig Boltzmann, ein österreichischer Physiker, hatte 1884 eine statistische Theorie der Gase entwickelt. Sie geht davon aus, dass deren Atome oder Moleküle ungeordnet durch den Raum fliegen, ihre Geschwindigkeit bestimmt die Temperatur. Boltzmanns Überlegungen erlauben es, die inneren Eigenschaften eines Gases zu berechnen, etwa die thermische Energie der einzelnen Partikel.

Bose hatte nun diese so genannte Boltzmann-Statistik auf ein Gas aus Photonen, also Lichtteilchen, angewandt. Dabei führte er eine ganz entscheidende Änderung ein: Er betrachtete nun nicht mehr jedes Teilchen des Gases als individuelles Partikel, sondern ging davon aus, dass Photonen im gleichen Zustand ununterscheidbar seien. Während also Boltzmann sozusagen jedem seiner Gasmoleküle einen Namen geben konnte, um es von allen anderen Kollegen zu unterscheiden und an jedem Ort wiederzuerkennen, war dies bei Bose und seinen Lichtquanten nicht mehr der Fall. Unter dieser Voraussetzung ergab sich nun eine neue Art der Berechnung, und Bose gelangte so zu einer brillanten Ableitung der Planck'schen Strahlungsformel.

Einstein war offensichtlich sehr angetan von den Überlegungen seines jungen indischen Kollegen, er übersetzte nun seinerseits dessen Arbeit ins Deutsche und veröffentlichte sie in der ›Zeitschrift für Physik‹. In einem Brief an den Inder kündigte er nach einigen lobenden Worten an, das, was Bose für Lichtquanten nachgewiesen hatte, nun auf Moleküle übertragen zu wollen. Noch 1924 erschien diese Arbeit, die Bose-Einstein-Statistik war geboren. Später wurde sie von Enrico Fermi und Paul A. M. Dirac noch erweitert. Diese erkannten, dass es in der Natur neben der Bose-Einstein-Statistik noch eine grundsätzlich andere Art von Statistik gibt. Die Teilchen mit halbzahligem Spin gehorchen dieser Fermi-Dirac-Statistik und heißen seither »Fermionen«.

Bei seinen Überlegungen hatte Einstein herausgefunden, dass sich nicht nur Photonen wie quantenmechanische Objekte verhalten, sondern auch Moleküle. Und er sagte voraus, dass bei sehr tiefen Temperaturen ein seltsames Phänomen auftreten sollte: »Es findet eine Trennung statt; ein Teil kondensiert, der Rest bleibt ein gesättigtes ideales Gas.« Damit hatte der 46-jährige Einstein das prophezeit, was siebzig Jahre später als Bose-Einstein-Kondensat die wissenschaftliche Welt in Aufregung versetzen sollte: die Kondensation von Teilchen im niedrigsten Quantenzustand.

Neu daran war damals die Erkenntnis, dass nicht nur Licht, sondern auch Materie Teilchen und gleichzeitig Welle sein konnte, eine Tatsache, die in jüngster Zeit wieder eine Rolle spielt bei den aktuellen Experimenten zur Atomoptik und zur Beugung am Doppelspalt (siehe Kapitel 1). Bis heute ist Boses Beitrag ein wesentlicher Bestandteil der Physik. Der indische Physiker traf Einstein später in Berlin auch persönlich. Mit 32 Jahren kehrte er nach

Dacca zurück und wurde dort Professor. Später trat er eine Professorenstelle in Kalkutta an; diesen Posten behielt er bis zu seiner Pensionierung.

Sowohl Boses als auch Einsteins Veröffentlichung wurden damals nicht sonderlich ernst genommen, auch Einstein selbst kam nie mehr auf die Sache zurück. Im Rückblick erscheint es aber interessant, dass beide Aufsätze etwa ein Jahr vor der Entwicklung der Quantenmechanik erschienen. Es war geradezu hellsichtig, dass die beiden Forscher sich schon 1924 mit etwas wie Materiewellen beschäftigten. Der Gedanke, dass Materie auch in Wellenform auftreten konnte, war zu jener Zeit noch etwas revolutionär Neues. Einer der Begründer der Quantenmechanik, Erwin Schrödinger, erfuhr von dieser Idee erst durch Einsteins Artikel. So könnte man sagen, dass jener Aufsatz im Grunde die Keimzelle war für die gesamte Quantenmechanik.

Wirklich ausgearbeitet hat aber diese Vorstellung der französische Adlige Louis Victor de Broglie. Er hatte Anfang der zwanziger Jahre begonnen, sich mit Max Plancks Quantentheorie zu beschäftigen. Aus seinen Berechnungen über Photonen zog er den Schluss, dass nicht nur Lichtteilchen Wellencharakter haben sollten, sondern auch Materieteilchen. Er verknüpfte die Strahlungsformel mit der berühmten Formel Einsteins $E = mc^2$, die den Zusammenhang zwischen Energie und Masse beschreibt. Daraus ergab sich für jedes Materieteilchen eine Frequenz beziehungsweise damit auch eine Wellenlänge, die so genannte de-Broglie-Wellenlänge. Sie wird umso größer, je langsamer sich das Teilchen bewegt, also je kälter es ist. Bei Zimmertemperatur ist beispielsweise diese Wellenlänge für ein Atom kleiner als das Atom selbst. Makroskopische Körper haben eine Wellenlänge, die noch eine Milliarde Mal kürzer ist. Dies ist auch der Grund, warum wir im täglichen Leben von der Wellennatur der Materie nichts bemerken. Ist das Teilchen aber extrem kalt, nimmt die Wellenlänge eine messbare Größe an. Bei einem Milliardstel Grad über dem absoluten Nullpunkt ist sie immerhin schon vergleichbar mit der Dicke eines Haares.

Zurück zu den Ideen über das Bose-Einstein-Kondensat. Erst gegen Ende der dreißiger Jahre gruben die Forscher Fritz London und Laszlo Tisza die Arbeit von Einstein wieder aus, weil sie vermuteten, dass sie etwas zur Erklärung der Superfluidität von Helium 4 beitragen könnte. Die beiden Autoren erkannten auch als Erste, dass ein solches Kondensat quantenmechanisches Verhalten im makroskopischen Maßstab zeigen könnte.

Diese Vorstellung widersprach jedoch der damals vorherrschenden Ansicht, die Quantenmechanik mit ihren komplizierten Operatoren und Wellenfunktionen sei nur eine Rechenvorschrift, welche die Wirklichkeit zwar gut beschreibt, für die es aber kein real fassbares Bild gibt. Diese Meinung stand im Gegensatz zur Kopenhagener Deutung, die mehr von Bildern ausging. Jahrzehntelang wurde darüber sehr kontrovers diskutiert, und eine ganze Reihe weltberühmter Theoretiker war daran beteiligt. Erst 1995 gelang mit Hilfe des BEC der Beweis, dass man die Wellennatur von Teilchen sogar real sichtbar machen kann.

Drei exotische Effekte kannte man Anfang der neunziger Jahre, die diese Eigenschaft ebenfalls hatten: Superfluidität, Supraleitung und den Laser. »Jeder Physiker würde diese Phänomene zu den bemerkenswertesten in der Physik zählen ... Dieser Familie ein neues Mitglied hinzuzufügen würde bedeuten, einen denkwürdigen Beitrag zur Physik zu leisten«, sagten sich Eric A. Cornell und Carl E. Wieman an der Universität von Colorado in Boulder 1990 und begannen auf diesem Gebiet zu forschen. Während aber die vorausgegangenen Forschungsarbeiten sich stets mit Flüssigkeiten – manche auch mit Festkörpern – befasst hatten, wandten sich die beiden jungen Physiker aus Colorado den Gasen zu. Ihr Kollege Charles E. Hecht hatte schon in einer Veröffentlichung im Jahr 1959 vorhergesagt, dass sich hier ein lohnendes Gebiet auftue, das eine Fülle experimenteller Möglichkeiten eröffne, aber diesen Artikel hatten die beiden damals noch nicht gelesen.

Und so stürzten sich die beiden Physiker, der 29-jährige Cornell und sein zehn Jahre älterer Kollege Wieman, mit ungeheurem Enthusiasmus auf die Herausforderung, ein leibhaftiges Bose-Einstein-Kondensat herzustellen. »Mit unserer Motivation allein wären wir aber nicht allzu weit gekommen«, erinnerten sich die beiden im Jahr 2002, »wären uns nicht einige wichtige Fortschritte in Wissenschaft und Technik zugute gekommen, vor allem die Erfolge bei der Laserkühlung und den Atomfallen.«

Im gleichen Jahr begann der 33-jährige Wolfgang Ketterle, am MIT in der Gruppe von Dave Pritchard zu arbeiten. Das Team versuchte, eine möglichst intensive Quelle für extrem kalte Atome zu bauen, denn man wollte untersuchen, wie sich bei so niedrigen Temperaturen Stöße zwischen den Atomen auswirkten.

Bei beiden Forschergruppen ging es zunächst einmal darum, viele Bosonen im gleichen Quantzustand zu erzeugen, um sie anschließend zu beobachten. Welche Bosonen sollte man wählen? Photonen schieden aus, denn Lichtquanten kann man nicht ohne weiteres einsperren, um sie zu beobachten.

Eine andere Möglichkeit für Teilchen mit ganzzahligem Spin sind alle Atome mit einer geraden Gesamtzahl von Protonen, Elektronen und Neutronen, denn bei ihnen heben sich die halbzahligen Spins der einzelnen Bestandteile gegenseitig auf oder addieren sich zu ganzen Zahlen. Einige Gruppen, die an diesem Problem arbeiteten, wählten Wasserstoffatome, Cornell und Wieman entschieden sich für Rubidiumatome, Wolfgang Ketterle am MIT für Natriumatome.

Der nächste Schritt musste sein, möglichst viele dieser Atome gemeinsam festzuhalten, und dazu war eine Atomfalle nötig. Sie ist in der Lage, inmitten eines luftleeren Glasgefäßes mit Hilfe einer raffinierten Kombination von Magnetfeldern und Licht Atome in der Schwebe zu halten. Denn eines war klar: Damit man die Atome ohne äußere Störungen beobachten konnte, musste man sie von den Wänden des Gefäßes fernhalten, dort würden sie sonst haften bleiben. Jede der Forschergruppen benutzte eine etwas andere Variante von Atomfallen, und im Lauf der Jahre fand man immer weitere Verbesserungen.

Das Schwierigste am Plan, ein Bose-Einstein-Kondensat zu erzeugen, war aber der letzte Schritt: Um viele Atome gleichzeitig in den gleichen Quantenzustand zu bringen, muss man sie so stark abkühlen, dass sie den »absoluten Nullpunkt« erreichen.

Dieser geheimnisvolle Punkt markiert das untere Ende der Temperaturskala. Jeder kennt aus den Nachrichten die »nach oben offene Richterskala«, auf der die Stärke eines Erdbebens gemessen wird. Auch sie ist nach unten geschlossen, das heißt, sie hat einen absoluten Nullpunkt. Er bezeichnet den Zustand, bei dem die Erde nicht bebt, sondern vollkommen ruhig ist. Ganz entsprechend kann man sich den absoluten Nullpunkt der Temperatur vorstellen. Was bedeutet das aber physikalisch?

Der Weg in die Kälte übte von Anfang an auf viele Forscher eine große Faszination aus, und er ist mit Nobelpreisen geradezu gepflastert. Zu Recht, denn seit vor über hundert Jahren Wissenschaftler zum ersten Mal versuchten, in den Bereich großer Kälte vorzustoßen, haben sie ungeheuer viel Neues und Überraschendes entdeckt. Sie haben sozusagen die Wärme von den Stoffen getrennt und sind vorgedrungen zur »puren« Natur der Materie.

Manche Effekte konnten sie nur deshalb finden, weil sie die verschleiernde Wirkung der thermischen Energie beseitigten: die Supraleitung, die Superfluidität und ungewöhnliche magnetische Phänomene.

Die Temperaturen, mit denen der Mensch normalerweise umgeht, liegen innerhalb eines relativ eng begrenzten Bereichs. Mit seinen Sinnesorganen kann er Kälte und Wärme wahrnehmen, bleibt dabei aber selbst immer auf seiner Körpertemperatur von etwa 37 Grad Celsius. Kühlt man den Menschen auf nur 34,5 Grad ab, beginnen seine Sinneswahrnehmungen zu schwinden. Ähnlich ist es beim Fieber: Mehr als 42 Grad Körpertemperatur sind im Allgemeinen tödlich.

Ein wenig umfangreicher ist die Temperaturskala, die das Wetter uns zu bieten hat: Die tiefste bis heute auf der Erde gemessene Temperatur lag 1983 bei minus 89 Grad Celsius in Wostok in der Antarktis, die höchste bei 58 Grad Celsius, in Libyen im September 1922.

Obwohl es mit dem subjektiven Empfinden schwierig ist, Temperaturvergleiche vorzunehmen, begannen Naturforscher erst in der Neuzeit damit, sich Methoden zur Messung von Wärme und Kälte auszudenken und eine Skala dafür zu entwickeln. Sie begriffen dabei die Temperatur als die »einem Körper innewohnende Warmheit«, die man nach dem lateinischen Wort *temperatura* benannte, was etwa so viel heißt wie »angenehm, passend«.

Nachdem sich verschiedene Messskalen als nicht sehr zweckmäßig erwiesen hatten, einigte man sich 1742 schließlich auf die Celsius-Skala, die Gefrier- und Siedepunkt des Wassers auf Meereshöhe als Fixpunkte für die Temperaturmessung festlegte. Die Spanne dazwischen wurde in hundert Grad eingeteilt.

Worin die »dem Körper innewohnende Warmheit« eigentlich bestand, wusste man damals jedoch noch nicht. Es gab verschiedene Vermutungen, zum Beispiel die, dass jeder Körper einen »Wärmestoff« enthalte, der bei Erwärmung zunehme. Diese Theorie konnte auch erklären, warum sich die Temperatur bei einer Mischung von warm und kalt ausgleicht, nämlich durch die gleichmäßige Verteilung des Wärmestoffs. Im Jahr 1702 schloss der französische Naturforscher Guillaume Amontons, dass man, wenn man den Wärmestoff aus einem Körper ganz entfernen könne, einen Punkt absoluter Kälte erreichen müsste. Zunächst blieb es bei dieser vagen Vermutung. Erst ein Jahrhundert später berechnete der französische Gelehrte Louis Joseph Gay-Lussac einen absoluten Nullpunkt der Temperatur bei minus 273 Grad Celsius. Er erhielt diesen schon recht genauen Wert aus seinen Betrachtungen über Temperatur und Volumen von Gasen.

Heute würde man die »Warmheit, die dem Körper innewohnt«, wohl eher als »Energie« bezeichnen. Seit dem 19. Jahrhundert weiß man, dass Wärme nichts anderes ist als die Bewegungsenergie der Teilchen. Je schneller sich die Atome einer Flüssigkeit oder eines Gases bewegen, desto wärmer ist die Substanz. In einem festen Körper können sie sich zwar nicht frei bewegen, aber immerhin zittern sie dort noch, und je weniger sie zittern, desto kälter ist der Gegenstand. Wenn sie völlig still liegen, müsste der absolute Nullpunkt erreicht sein. Nach den Gesetzen der Quantenmechanik kann dies allerdings nie ganz geschehen, da die Heisenberg'sche Unschärferelation stets einen winzigen Energiebetrag vorschreibt, den ein Teilchen besitzen muss, wenn sein Ort ganz genau festgelegt ist. Man nennt diesen Betrag die Nullpunktsenergie.

Da die Temperaturskala, die wir im täglichen Leben benutzen, an den Bedürfnissen unseres Alltags orientiert ist, eignet sie sich schlecht für die Beschreibung extremer Zustände. Physiker verwenden deshalb im Allgemeinen die Kelvin-Skala, die nach ihrem Erfinder, dem britischen Naturforscher William Lord Kelvin of Largs, benannt wurde. Sie beginnt am absoluten Nullpunkt, und ihre Einheiten sind ebenso groß wie die Celsiusgrade. Damit liegt der Schmelzpunkt von Eis bei 173,15 Kelvin (K), der absolute Nullpunkt bei 0 K.

Wie aber kann man ihn erreichen, wie bringt man Atome dazu, völlig still zu liegen? Nun, ganz einfach, man kühlt sie ab. Um ein Medium zu kühlen, muss man ihm Energie entziehen.

Das ist leichter gesagt als getan. Will man Getränke oder Speisen kühlen, stellt man sie in den Kühlschrank. Der Kontakt mit der kalten Umgebung bringt die Atome dazu, sich zu beruhigen, also kälter zu werden. Die Kälte des Kühlschranks hingegen kann man nur erzeugen, indem man eine Menge Energie hineinpumpt. Während der Motor an der hinteren Seite des Kühlschranks warm wird, kühlt das Innere des Schranks ab. Dies muss so sein, damit der Energieerhaltungssatz erfüllt wird, der besagt: Energie – und dazu gehört auch Wärme – kann nicht verloren gehen.

Aber sogar wenn man Materie in den großen kosmischen »Kühlschrank«, hinaus ins Weltall brächte, würde das nicht ausreichen, denn der absolute Nullpunkt ist kälter als das Universum: Selbst weit draußen im All, wo es keine Luft mehr gibt und nur noch wenige Teilchen pro Kubikmeter das Nichts durchqueren, herrscht immer noch eine Temperatur von drei Kelvin. Dies ist der letzte Überrest, das ferne Nachglühen des Urknalls, aus dem unsere Welt höchstwahrscheinlich vor sechzehn Milliarden Jahren entstanden ist. Drei Kelvin aber reichen gerade einmal aus, um Helium zu verflüssigen.

Der berühmte französische Chemiker Antoine Lavoisier ahnte es als Erster: »Würde die Erde in sehr kalte Zonen, etwa die des Jupiter oder Saturn, gebracht, dann würde das Wasser unserer Flüsse und Meere sich in festes Gebirge verwandeln. Die Luft würde aufhören, ein unsichtbares Gas zu sein, und flüssig werden. Eine derartige Umwandlung würde also neue Flüssigkeiten hervorbringen, die wir uns bis jetzt noch nicht vorstellen können.« Nach dieser Prophezeiung verging aber fast noch ein ganzes Jahrhundert, bis am Weihnachtsabend 1877 der französische Bergbauingenieur Louis Cailletet vor der Akademie der Wissenschaften in Paris bekannt gab, dass es ihm gelungen sei, Luft zu verflüssigen. Es handelte sich bei seiner flüssigen Luft zwar nur um ein paar Kubikzentimeter Tröpfchennebel, aber immerhin war das Prinzip damit bewiesen. Mit einer verbesserten Apparatur gelang es den Polen Siegmund Florentin Wroblewski und K. S. Olszewski sechs Jahre später, Sauerstoff als echte, siedende Flüssigkeit herzustellen.

Das Rennen um tiefste Temperaturen, aber auch um Ruhm und Ansehen in der wissenschaftlichen Welt hatte begonnen. Es wurde seither immer wieder mit aller Härte ausgetragen, und es fehlte nicht an Streitigkeiten um Urheberrechte und an Eifersüchteleien.

Im Zentrum der Auseinandersetzungen stand lange Zeit James Dewar, der sich als Chemieprofessor an der Royal Institution in London unter anderem damit beschäftigte, Gase zu verflüssigen. Da er besonders großes experimentelles Geschick besaß und immer wieder neue Ideen hatte, gelang es ihm meistens, den Wettlauf mit der Zeit gegen seine Konkurrenten in anderen Ländern zu gewinnen.

James Dewar genoss es, seine jeweils neuesten Erfolge einem größeren Publikum vorzuführen. So wurden seine Vorlesungen allmählich zu einem gesellschaftlichen Ereignis in London, zu dem die würdigen Herren Kollegen auch ihre Ehefrauen mitbrachten und der Hörsaal sich in ein Theater verwandelte. Natürlich trugen ihm diese öffentlichen Vorführungen erst recht den Neid der Konkurrenten ein.

Dewars Ziel war es zunächst, das leichteste aller Gase, den Wasserstoff, zu verflüssigen. Es gelang ihm erstmals am 10. Mai 1898. Welche Temperatur er dabei erreicht hatte, wusste er nicht genau, denn damals konnte man so tiefe Temperaturen noch nicht exakt messen. Man kannte einfach noch keine Thermometer, die bei dieser Kälte funktionieren. Heute ist bekannt, dass der Siedepunkt von Wasserstoff bei zwanzig Kelvin liegt, sein Erstarrungspunkt bei zwölf Kelvin. Es gelang Dewar einige Zeit später, auch diesen neuen Meilenstein zu erreichen: Er gefror Wasserstoff zu »Eis«.

All diese Fortschritte auf dem Weg zu immer tieferen Temperaturen waren im Prinzip immer nach der gleichen Methode erreicht worden: durch Zusammenpressen (Kompression) und Ausdehnen (Expansion) von Gasen. Wenn man Gas in einem Gefäß zusammendrückt, so wird es heiß, was jeder mit einer einfachen Fahrradpumpe nachprüfen kann. Nun lässt man das komprimierte Gas abkühlen und zieht anschließend den Kolben wieder zurück. Das Gas dehnt sich dabei aus und kühlt sich noch weiter ab. Wird dieser Vorgang mehrmals wiederholt, lassen sich so immer tiefere Temperaturen erreichen. Die physikalische Grenze liegt an dem Punkt, an dem das Gas sich verflüssigt, denn dann kann man es nicht mehr komprimieren. Man kann es aber als Vorkühlung verwenden für ein anderes Gas, das einen noch tieferen Siedepunkt hat. So gelangt man schließlich zum tiefsten Siedepunkt eines Gases, dem des Helium bei vier Kelvin.

Die Verflüssigung von Helium war einer der größten Erfolge, die der Niederländer Heike Kamerlingh-Onnes errang, der als Begründer der modernen Tieftemperaturphysik gilt. Den Verlauf des denkwürdigen 9. Juli 1908, als es seinem Team in Leiden zum ersten Mal gelang, Helium zu verflüssigen, hat Onnes detailliert in der berühmten ›Leidener Mitteilung Nr. 108‹ festgehalten. Es war ein Tag voller Spannung. Man hatte alles sorgfältig vorbereitet. 75 Liter flüssige Luft standen bereit; mit ihnen wurden zunächst einmal zwanzig Liter flüssiger Wasserstoff hergestellt, der das Helium vorkühlen musste.

Um 16:20 Uhr wurde der Helium-Verflüssiger eingeschaltet. Ein Gasthermometer sollte anzeigen, wie tief die Temperatur sinken würde. Erst nach einigem Herumprobieren an Ventilen und Druckreglern begann es einen Abfall der Temperatur anzuzeigen. Doch viel zu schnell kam es zum Stillstand, und die Forscher begannen zu befürchten, dass das Experiment fehlgeschlagen war. In dem Gefäß, in dem sich das flüssige Helium sammeln sollte, war immer noch nichts zu sehen, als der Vorrat an flüssigem Wasserstoff schon zu Ende ging. In die allgemeine Enttäuschung hinein machte ein zufällig vorbeikommender Kollege den Vorschlag, das Gefäß für das Helium doch einmal von unten zu beleuchten. Plötzlich konnte man sehen, dass sich in dem Gefäß flüssiges Helium angesammelt hatte. Es unterschied sich jedoch von anderen flüssigen Gasen dadurch, dass es nicht siedete und in einer seltsamen Art und Weise an den Wänden hochkroch. Die Freude über den Erfolg war zunächst so groß, dass sie eine genauere Untersuchung des Heliums verhinderte.

Um noch ein wenig weiter unter vier Kelvin zu kommen, muss man den Dampf, der sich über der Flüssigkeit bildet, abpumpen. Die Atome, die eine besonders hohe Geschwindigkeit haben und aus dem Helium herausschießen, sind ja immer ein wenig energiereicher als die anderen, die in der Flüssigkeit zurückbleiben. Wenn man also die schnellsten Atome durch Abpumpen entfernt, bleiben im Lauf der Zeit nur noch die energieärmeren Atome zurück: Die Flüssigkeit hat sich weiter abgekühlt.

Diese Methode versagt jedoch, wenn die Leistungsfähigkeit der Pumpe erreicht ist. Tiefer als 0,8 Kelvin ist Kamerlingh-Onnes nie gekommen. Es gelang ihm auch nicht, Helium zum Gefrieren zu bringen. Er führte das darauf zurück, dass die verwendeten Pumpen nicht stark genug gewesen seien. Dass jedoch in Wirklichkeit eine ganz neue Entdeckung hinter diesem Phänomen steckte, erfuhr der Pionier, der für seine Leistungen 1913 den Physik-Nobelpreis erhielt, nicht mehr.

Helium nimmt bei sehr tiefen Temperaturen neue Eigenschaften an, die man vorher noch nicht in dieser Form gekannt hatte: Es wird schlagartig »superfluid«, das heißt, es verliert seine innere Reibung und kann beispielsweise mühelos haarfeine Kapillaren durchfließen. Hand in Hand damit geht eine extrem hohe Wärmeleitfähigkeit. Bis heute sind die Phänomene der Superfluidität noch nicht restlos aufgeklärt, auch nicht beim Helium 3, das sich vom »normalen« Helium dadurch unterscheidet, dass es im Atomkern ein Neutron weniger hat. Es wird bei noch größerer Kälte superfluid, was man erst 1972 entdeckte. 1996 erhielten dafür die drei US-Forscher David Morris Lee, Douglas Dean Osheroff und Robert Coleman Richardson den Nobelpreis.

Die tiefe Temperatur, die ein Kamerlingh-Onnes Anfang des 20. Jahrhunderts erreichte, würden die Forscher von heute »glühend heiß« nennen. Anfang der achtziger Jahre stieß man bereits in Bereiche vor, die noch hunderttausendfach, ja millionenfach kälter sind als flüssiges Helium.

Um so weit zu kommen, war ein völlig anders geartetes Kühlverfahren nötig. Im Jahr 1926 schlugen unabhängig voneinander die beiden Physiker Peter Debye und William Francis Giauque vor, »magnetisch« zu kühlen. Offiziell heißt ihr Verfahren »adiabatische Entmagnetisierung paramagnetischer Salze«. Hinter dem schwierigen Namen verbirgt sich die Idee, dass man analog zur Kompression und Entspannung eines Gases jedem Stoff auch magnetische Energie entziehen kann. Die Rolle des Drucks übernimmt dabei ein starkes Magnetfeld, das man von außen anlegt. In seinem Inneren richten sich die Atome, die wie winzige Magnete funktionieren, nach den Feldlinien aus. Der Entspannung des Gases entspricht die allmähliche Verringerung des Magnetfelds. Die Atome können sich nun wieder in alle möglichen Richtungen orientieren, ziehen aber die dazu nötige Energie aus ihrer Bewegung ab, das heißt, sie werden ruhiger, die Substanz kühlt ab.

Durch mehrmaliges Wiederholen lassen sich Proben bis auf etwa fünf Millikelvin abkühlen, also tausendmal tiefer als vorher. Die Grenze dieses Verfahrens liegt dort, wo alle Atome magnetisch ausgerichtet verharren, also einen Zustand angenommen haben, wie er in einem Eisenmagneten bei Zimmertemperatur vorhanden ist. Um in noch kältere Regionen vorzustoßen, muss man auch noch die Atomkerne »entmagnetisieren«. Dies geschieht im Prinzip genauso wie eben geschildert, nur sind die erforderlichen Magnetfelder wesentlich höher. Im Jahr 1983 lag der Kälte-Weltrekord bei 0,000 03 Kelvin, also dreißig Mikrokelvin, aufgestellt von einem japanischen Forscherteam.

Gegen die Temperatur, die Eric A. Cornell und Carl E. Wieman im Juli 1995 und Wolfgang Ketterle in jenem September erreichten, erscheint dieser Rekord nicht mehr so großartig, denn sie lag noch zehn- bis hundertmal tiefer. Aber in den gut zwanzig Jahren dazwischen hatte sich auch viel getan: Mittlerweile war man in der Lage, die einzelnen Atome direkt zu kühlen, genauer gesagt, abzubremsen.

Dies geschieht ausgerechnet mit einem Gerät, das man normalerweise dazu benutzt, Dinge extrem heiß zu machen: mit dem Laser. Der gebündelte Lichtstrahl, der heute in der Industrie dazu verwendet wird, Autokarosserien zu schweißen und Bleche zu zerschneiden, in der Medizin dazu, Adern zu veröden und Augen zu operieren, und im täglichen Leben dazu, CDs abzuspielen oder Computerausdrucke anzufertigen, hilft in der Physik, Atome zu kühlen.

Man macht sich dabei die Tatsache zunutze, dass Atome Energie nur in Form von Paketen, also Quanten, bestimmter Größe aufnehmen können. Diese Größe muss genau dem Abstand zwischen zwei Energieniveaus eines Elektrons in der Hülle entsprechen. Man bestrahlt nun das Atom mit Laserlicht, dessen Photonen geringfügig unterhalb dieser Energie, also auch unter dieser Frequenz, liegen.

Da sich die Atome in der Falle ein wenig bewegen, erkennen diejenigen, die dem Laserstrahl entgegenfliegen, wegen des so genannten »Dopplereffekts« eine Frequenz, die etwas höher liegt. Sie entspricht dann genau der nötigen Absorptionsfrequenz, und das Atom ist also in der Lage, das Photon zu schlucken. Da dessen Energie in Wirklichkeit aber nicht ausreicht, um das Elektron auf eine höhere Bahn zu heben, wird die fehlende Energie aus der Bewegungsenergie des Atoms genommen. Die Folge ist, dass das Atom abgebremst wird. Anschließend strahlt das Atom das Lichtquant wieder ab. Dieses »Laserkühlung« genannte Verfahren wurde inzwischen zu einem Standardinstrument der Quantenphysiker. Und auch hierfür gab es wieder einen Nobelpreis: 1997 erhielten ihn die amerikanischen Physiker Steven Chu und William Daniel Phillips zusammen mit dem Franzosen Claude Cohen-Tannoudji.

Normalerweise wird eine Substanz, wenn man sie abkühlt, erst flüssig und später fest. Will man aber alle Atome in einer Probe in den gleichen Quantenzustand bringen, muss man dies vermeiden. Dazu hilft ein Trick: Man arbeitet mit einem extrem verdünnten Gas, fast eine Million Mal dünner als Luft. Auch in diesem Gas stoßen die Atome immer wieder zusammen, aber bei weitem nicht so häufig wie in einem Gas höherer Dichte. Vor allem die inelastischen Stöße zwischen den Atomen sind sehr selten, bei denen die Atome aneinander kleben bleiben. Zwar bilden sich auch in einem dünnen Gas nach einiger Zeit Moleküle, die sich schließlich zu Bröseln zusammenballen, aber bis es so weit ist, vergehen Sekunden oder gar Minuten, wertvolle Zeit, in der es gelingen kann, das Atomwölkchen weit genug abzukühlen. Elastische Stöße, bei denen die Atome wie Gummibälle zusammenprallen und dabei lediglich ihre Energie austauschen, passieren hingegen wesentlich häufiger.

Damals, Anfang der 1990er Jahre, als die Reise zum absoluten Nullpunkt begann, war es unter den Atomphysikern noch sehr umstritten, ob es gelingen würde, Materie in ihre Wellenform zu zwingen. Ketterle erzählte im Rückblick, das gesteckte Ziel sei von den meisten als fast unerreichbar angesehen worden. Noch 1994, also gerade ein Jahr, bevor es dann schließlich erreicht wurde, soll Steven Chu gesagt haben: »Ich wette darauf, dass die Natur das Bose-Kondensat vor uns verborgen hält. Zumindest in den letzten fünfzehn Jahren hat sie das sehr gut geschafft.« Und er war schließlich einer, der es wissen sollte.

Mit Hilfe der Laserkühlung erreichte man aber bereits Temperaturen, die wesentlich tiefer lagen, als man erwartet hatte, und schon hofften Cornell und Wieman, »dass wir alle unter der Allmacht eines großzügigen Gottes lebten … Vielleicht sollten wir sehr bald noch tiefere Temperaturen und höhere Dichten erreichen?« Die Spekulationen erwiesen sich als falsch. Laserkühlung allein reicht jedenfalls nicht aus, um die Atome kalt genug zu machen. Sie genügt aber, um sie so weit abzukühlen, dass man sie in einer magnetischen Falle einfangen kann. Es ist ganz wichtig, die superkalten Atome mit Magnetfeldern von den materiellen Wänden des Gefäßes fern zu halten, denn sie würden dort kleben bleiben und wären für das Experiment verloren.

Um die Atome in der Magnetfalle noch weiter abzukühlen, benutzten sowohl die Gruppe um Cornell/Wie-
man als auch das Team von Ketterle ein zusätzliches Kühlverfahren, das Verdampfungskühlen. Es handelt sich
dabei um das gleiche Prinzip, wie Kamerlingh-Onnes es
bereits bei der Verflüssigung von Helium angewandt hatte: Man lässt die schnellsten Atome entkommen, die
kühleren und damit langsameren bleiben übrig. So erreicht man schließlich eine Temperatur um ein Millionstel
Kelvin. Und dann passiert es plötzlich: Das superkalte
Atomwölkchen kondensiert zu der lang erwarteten Materiewelle, dem Bose-Einstein-Kondensat.

Die hier beschriebenen Schritte erscheinen einfach und
logisch. Heute, wo rund dreißig Gruppen auf der Welt
intensiv mit BECs arbeiten und die kleinen kugel- oder
zigarrenförmigen superkalten Wölkchen routinemäßig
innerhalb weniger Sekunden erzeugen, wo es sogar schon
gelungen ist, ein solches Kondensat auf einem daumennagelgroßen Chip herzustellen, kann man kaum mehr verstehen, was daran nun eigentlich so schwierig gewesen
sein soll. Aber so ist es immer bei großen Entdeckungen:
Auch die Erfindung des Transistors war einst ein gewalti-
ger Schritt, der 1947 erst nach langwierigen Versuchen
gelang, und keiner hätte damals ahnen können, dass heute jeder von uns tagtäglich millionenfach auf die Hilfe dieses elektronischen Bauelements angewiesen ist.

Was rückblickend wie ein klar vorgezeichneter Weg erscheint, stellte sich in den Anfangsjahren als mühsames
Vorantasten heraus, als ein Pfad, der mit Problemen nur
so gepflastert war. Dies galt für die beiden rivalisierenden
Teams in Boulder und am MIT, die mit Rubidium- beziehungsweise Natriumatomen arbeiteten, ebenso wie für
eine dritte Arbeitsgruppe, die es sich in den Kopf gesetzt
hatte, ein Kondensat aus Wasserstoffatomen herzustellen.
Wasserstoff erschien zunächst günstig, denn er benötigt

für die Kondensation bei weitem nicht so tiefe Temperaturen wie schwerere Atome. Erst später wurde klar, dass ihn zu kondensieren die kompliziertere Aufgabe war, denn Wasserstoff lässt sich nicht mit Lasern kühlen. Und so kam es, dass diese dritte Gruppe, obwohl sie als erste begonnen hatte, schließlich am längsten – bis 1998 – brauchte, bis sie Erfolg hatte. Sie stand übrigens unter der Leitung von Dan Kleppner, der als »Vater aller Kondensat-Forscher« gilt; alle Beteiligten der ersten Stunde waren irgendwann einmal seine Schüler. Seine Tragik ist es, dass er sich ausgerechnet auf das Element konzentriert hatte, das am schwierigsten zu zähmen war, und dass er dadurch den Nobelpreis verpasste.

In ihren jeweiligen Nobel-Vorlesungen haben Cornell, Wieman und Ketterle ihren Weg zum BEC aus ihrer ganz persönlichen Sicht geschildert. Es war ein Wettlauf, der an Spannung kaum zu überbieten war. Die Gedanken liefen parallel, die Experimente nicht immer, und jedes Missgeschick bei der Durchführung der Versuche kam fast einer Katastrophe gleich, warf es doch das betroffene Team um Tage und Wochen zurück.

Hier ging es vor allem um den Nobelpreis. Allen Beteiligten war klar, dass derjenige, der als Erster ein Bose-Einstein-Kondensat herstellen konnte, diese höchste wissenschaftliche Auszeichnung erhalten würde. Aber es ging auch darum, ganz allgemein großes Ansehen in der wissenschaftlichen Welt zu erringen. Denn jeder karrierebewusste Forscher hat zwei Ziele: Erstens, so viele wissenschaftliche Artikel wie möglich zu publizieren, und zweitens, von seinen Kollegen möglichst häufig zitiert zu werden. Professionelle Beobachter zählen jede Erwähnung in wissenschaftlichen Blättern. Die Zeitschrift ›Science Watch‹ in Philadelphia gibt Monat für Monat, Jahr für Jahr genaue Statistiken heraus, wer im globalen Wettlauf der Eitelkeiten jeweils vorn liegt. Da gibt es die »heißesten

Themen« ebenso wie die »heißesten Wissenschaftler« und die »heißesten Forschungsinstitute«. Schlaue Gelehrte halten sich immer auf dem Laufenden und springen nach Möglichkeit auf einen fahrenden Zug auf, der Entdecker-Lorbeer verheißt. So bilden sich immer wieder Modethemen heraus, an denen viele Teams auf der ganzen Welt gleichzeitig arbeiten. Aber ganz selten bietet sich für einen Forscher die Gelegenheit, wirklich an vorderster Front tätig zu sein, also selbst Lokomotivführer zu spielen. Bei der Arbeit am BEC war es so.

Deshalb war es in diesem Fall besonders wichtig, für die Nachwelt festzuhalten: Wer hatte den entscheidenden Einfall als Erster? Wie wurde er dokumentiert?

Es begann im Jahr 1990. Der frisch promovierte Wolfgang Ketterle war soeben neu nach Cambridge bei Boston gekommen, um dort am MIT im Team von Dave Pritchard die Arbeit aufzunehmen. Zunächst arbeiteten sie daran, eine möglichst intensive Quelle für kalte Atome herzustellen, denn sie wollten das Verhalten eines superkalten Gases studieren. Viele Ideen und Varianten wurden diskutiert und teilweise wieder verworfen, darunter auch der Vorschlag, Natriumatome mit einem magnetischen Wechselfeld festzuhalten. Obwohl der Gedanke aussichtsreich erschien, ließ man ihn wieder fallen, denn Ketterle hatte erfahren, dass Eric Cornell in Boulder fast die gleiche Idee gehabt hatte und bereits dabei war, sie experimentell umzusetzen. »Es war nicht das letzte Mal, dass Eric und ich ähnliche Ideen entwickeln sollten, unabhängig voneinander und fast zur gleichen Zeit«, erinnert sich Ketterle.

Er und Pritchard wählten deshalb zunächst andere Methoden, und sie »hatten eine Menge Spaß dabei«. Es gelang ihnen auch, eine magneto-optische Falle zu bauen und in ihr eine »große« Wolke tiefgekühlter Natriumatome einzuschließen. »Im Rückblick«, so Ketterle in seiner

Nobel-Vorlesung, »bin ich erstaunt, wie viele unterschiedliche Entwürfe wir erdachten und ausprobierten, aber das war wohl notwendig, um schließlich den besten Weg herauszudestillieren.«

Im Sommer 1991 trafen sich die Gruppen, die an ultrakalten Atomen arbeiteten, darunter auch die Kontrahenten, zur »Varenna Sommerschule« am Comer See. Bei diesen regelmäßig stattfindenden Tagungen tauschen die Beteiligten ihre neuesten Ergebnisse aus, und die Atmosphäre am idyllischen See trägt dazu bei, dass dort stets ein besonders produktives Arbeitsklima herrscht. Hier trugen Eric Cornell und Carl Wieman zum ersten Mal ihre Überlegungen vor, wie man die besten Ideen aus den bisherigen Experimenten kombinieren konnte, um in einem Gas aus Alkaliatomen ein Bose-Einstein-Kondensat zu erzeugen.

Ketterle erinnert sich gern an diese Sommerschule, denn »ich, der ich erst seit einem Jahr auf diesem Gebiet tätig war, traf dort viele Kollegen zum ersten Mal und baute lang anhaltende Beziehungen auf«. Es ist interessant, dass Ketterle auf dem offiziellen Konferenzfoto damals ganz am Rand zu sehen ist, während er acht Jahre später im Zentrum sitzt, umgeben von den anderen Exponenten der neuen Quantenphysik.

Vor allem ein Nachmittag ist ihm lebendig im Gedächtnis geblieben: »Dave Pritchard und ich saßen draußen vor dem Tagungsgebäude, mit einem atemberaubenden Blick auf den Comer See, und diskutierten über die großen Ziele unseres Arbeitsfeldes und wie man sie erreichen könne. Daves Ermutigung war für mich äußerst wichtig und stärkte mein Selbstbewusstsein in dem für mich noch neuen Forschungsgebiet. Wir entwickelten Optionen und Strategien, wie wir Laser- und Verdampfungskühlung kombinieren könnten, eine Idee, die uns schon einige Zeit durch den Kopf ging.«

Wie immer steckt der Teufel im Detail, und so auch hier. Laserkühlung erfordert ein extrem dünnes Gas, das die Laserstrahlen gut durchdringen können und in dem die Atome untereinander selten zusammenstoßen. Die Verdampfungskühlung hingegen benötigt das Gegenteil: hohe Dichte und viele Stöße, damit sich die Kälte schnell über die ganze Atomwolke ausbreiten kann. Inzwischen weiß man, dass es genügt hätte, die vorgekühlte Wolke in einem sehr guten Vakuum magnetisch zu komprimieren, um ausreichend Zeit für den zweiten Kühlschritt zu haben. Damals aber dachten sich die Forscher eine Unzahl komplizierter Möglichkeiten zur besseren Laserkühlung oder für kompliziertere Atomfallen aus.

Eine dieser Atomfallen wurde schließlich im Bostoner Labor gebaut, und sie brachte den erhofften Erfolg: »Wir hatten eine Wolke aus Atomen erzeugt mit einer vorher noch nie erreichten Kombination von Atomzahl und Dichte.« Es folgten dramatische Wochen, in denen hin und her diskutiert wurde, was man als Nächstes anstreben sollte. Am Ende stimmten alle Mitarbeiter des Labors darin überein, dass man nun – wie in Varenna bereits angedacht – die beiden Kühlmethoden kombinieren wolle.

Als Erstes begann man mit dem Bau einer besonders guten Atomfalle, die einen so genannten »Quadrupol-Magneten« verwenden sollte, der aus zwei sich gegenüberstehenden, kompliziert geformten Magnetspulen besteht. Und wieder hatten die Forscher in Colorado die gleiche Idee: Auf einer Tagung 1993, nachdem Ketterles Kollege Michael Joffe seinen Vortrag über die neue Falle gehalten hatte, informierte Eric Cornell seinen Kollegen aus Boston, dass er unabhängig davon zu dem gleichen Schluss gekommen war.

Ungefähr um diese Zeit wurde Ketterle zum Assistenzprofessor befördert, und sein Chef Dave Pritchard machte ihm nun das Angebot, das Labor verantwortlich zu übernehmen. »Er beschloss, sich ganz aus diesem Gebiet zurückzuziehen, für das er Pionierarbeit geleistet hatte, und übergab mir die volle Verantwortung und Unabhängigkeit«, erinnert sich Ketterle dankbar an den selbstlosen Schritt seines Mentors. »Noch heute bin ich bewegt von seiner Großzügigkeit und ungewöhnlichen Förderung.« Die beiden Doktoranden Ken Davies und Marc-Oliver Mewes, die ihre Arbeiten 1991 und 1992 begonnen hatten, mussten sich nun entscheiden, ob sie dem berühmten Professor Pritchard folgen und an dessen geplanten Experimenten mitarbeiten oder ob sie sich weiter an der Suche nach dem Bose-Einstein-Kondensat beteiligen wollten in einer neu gegründeten Gruppe, die von einem noch recht unbekannten Assistenzprofessor geleitet wurde. Beide entschieden sich für Ketterle, und so ging die Arbeit weiter, zusammen mit Michael Andrews, der sich im Sommer 1993 dem Team anschloss.

Während sie stets die Fortschritte der Konkurrenten im Auge behielten, versuchten die Forscher um Wolfgang Ketterle nun zunächst, ihre Technik der Temperaturmessung zu verbessern. Sie wollten genau wissen, wie kalt ihre Atomwölkchen waren. Dies schien ein gutes Projekt zu sein, anhand dessen die Doktoranden ihre Geschicklichkeit erproben und experimentelle Sicherheit gewinnen konnten. Trotz guter Fortschritte bekam der deutsche Forscher jedoch allmählich das Gefühl, dass ihm in seinem Wettbewerb mit dem Team in Boulder die Zeit davonlief. Deshalb beschloss man, die Bemühungen um eine bessere Temperaturmessung einzustellen und sich wieder ganz der Kühlung zu widmen. »Bis zum heutigen Tag«, so schrieb Ketterle im Jahr 2002, »haben wir keine genaue Temperatur-Diagnostik für die Laserkühlung aufgebaut – es war einfach nicht mehr wichtig.«

Im Frühjahr 1994 gab es erste Fortschritte, über die Ketterle im Mai in einem Vortrag bei der »International

Quantum Electronics«-Konferenz öffentlich sprach. Und wieder einmal war die Boulder-Gruppe ebenso weit: Die Forscher aus Colorado berichteten auf demselben Meeting über ähnliche Ergebnisse. Der nächste Schritt musste sein, die Falle, in der man die Atome gefangen hielt, weiter zu verbessern. Hier nun wählten die beiden Gruppen unterschiedliche Wege.

Cornell und Wieman benutzten eine Falle, bei der sechs in der Mitte gekreuzte Laserstrahlen zugleich zum Kühlen als auch zum Einschließen der Atome dienten. Der Strahlungsdruck drängte die Atome im Kreuzungspunkt zusammen und hielt sie von den Wänden des Gefäßes fern. »So lassen sich binnen einer Minute aus dem Rubidiumdampf zehn Millionen Atome in der Laserfalle sammeln. Sie werden zugleich auf etwa vierzig Millionstel Kelvin abgekühlt«, freuten sich die Wissenschaftler zunächst. Diese Temperatur reichte jedoch nicht aus, um bereits ein Bose-Einstein-Kondensat zu erzeugen. Für die geplante Verdampfungskühlung war aber die Dichte des Gases in der Falle zu gering. So war über Jahre hinweg »unser größtes experimentelles Problem, dass die eingesperrten Atome nicht oft genug zusammenstießen. Bevor sie ihre Energie untereinander auszutauschen vermochten, wurden sie durch Kollisionen mit freien, ungekühlten Gasatomen aus der Falle geschleudert.« Die beiden Forscher verloren aber nicht den Mut. 1994 sahen sie ein, »dass wir eine Magnetfalle mit engerer und tieferer Mulde bauen mussten«. Dieses Gerät brachte nun schnelle Erfolge. Aber »nicht ein spektakulärer Durchbruch, sondern viele kleine Verbesserungen brachten schließlich den Erfolg«, schrieben Cornell und Wieman 1999.

Und: »Wie sich seitdem herausgestellt hat, ist unsere Konstruktion keineswegs die einzig praktikable; inzwischen hat fast jedes Forscherteam sein eigenes Geräte-Design.«

So auch die Ketterle-Gruppe, die ebenfalls nicht von Rückschlägen verschont blieb: Gegen Ende des Jahres 1994 passierte in deren Labor eine Katastrophe. Just an dem Tag, an dem der Präsident des MIT, Charles Vest, seinen Besuch angesagt hatte, um sich über die neuesten Forschungsergebnisse zu informieren, hatte jemand versehentlich die Falle eingeschaltet, ohne dass das Kühlwasser lief, und so schmolzen die Lötstellen der Spulen. Weil damals die Magnetspulen noch im Inneren des Vakuumgefäßes angebracht waren, hatte dies zur Folge, dass man die gesamte Apparatur auseinander nehmen musste, um die Sache zu reparieren, was eine Verzögerung um mehrere Wochen bedeutete. Die Stimmung war auf dem Nullpunkt, vor allem beim Leiter des Teams, Wolfgang Ketterle selbst. In seiner Niedergeschlagenheit schlug er vor, erst einmal den ganzen Frust mit Bier zu ertränken und anschließend zu überlegen, was man weiter tun sollte. Aber seine Studenten machten da nicht mit, sondern holten sofort ihre Schraubenschlüssel und begannen mit der Reparatur. »Es berührte mich sehr, ihre Hingabe und Stärke zu sehen, selbst in diesem schweren Augenblick«, erinnerte sich Ketterle später.

Man ersetzte bei dieser Reparatur gleich die ganze Falle durch eine wesentlich stabilere. Im Nachhinein zeigte sich, dass dies ohnehin notwendig gewesen wäre, so dass das Missgeschick mit den Spulen letztlich keinen allzu großen Zeitverlust bedeutete.

Die Probleme im Zentrum für ultrakalte Atome am MIT hörten auch danach nicht auf; nun waren es vor allem finanzielle Engpässe. Das Geld aus der Startphase war fast aufgebraucht, und Vorschläge für neue Experimente waren noch nicht genehmigt worden. Glücklicherweise traf im April 1995 dann doch noch eine Finanzierungszusage der National Science Foundation ein, so dass die Arbeit weitergehen konnte.

Mit Genugtuung zitierte Ketterle in seiner Nobel-Vorlesung die falsche Einschätzung einiger Gutachter, die das Experiment damals – nur wenige Wochen vor dem Durchbruch – zu bewerten hatten: »Es scheint, als ob noch weit reichende Verbesserungen nötig wären, die derzeitigen Techniken sind so weit von der Region eines Bose-Einstein-Kondensats entfernt, dass eine Beurteilung noch nicht möglich ist«, schrieb der eine, ein anderer meinte: »Der wissenschaftliche Wert, außer der Bedeutung, dass ein BEC hergestellt werden kann, ist unklar.« Und ein Dritter: »Es gibt sehr wenige spezifische (oder realistische) Vorschläge für interessante Experimente, die man mit einem Kondensat machen könnte.«

Die Wirklichkeit hat diese Gutachter in erstaunlicher Weise widerlegt: Kaum ein anderes Gebiet der Physik floriert zurzeit – wenige Jahre nach der Entdeckung – so stark wie die Forschung rund um Bose-Einstein-Kondensate. Sie haben die Phantasie der Forscher beflügelt und sich nicht nur als hoch interessantes Werkzeug erwiesen, um damit Grundlagenforschung zu betreiben, sondern sie lassen sogar schon erste praktische Anwendungen erahnen, etwa als Atomlaser oder als Grundlage für Quantencomputer. Seit 1995 gehört Wolfgang Ketterle zu den meistzitierten Autoren der physikalischen Welt, allein sein denkwürdiger Artikel in den ›Physical Review Letters‹ wurde viele hundert Male zitiert, durchschnittlich 168 Mal pro Jahr.

Als im Dezember 1994 die letzten Fortschritte bei der Verdampfungskühlung veröffentlicht waren, konnte sich das Team daranmachen, einen Plan auszuführen, den man schon länger gehegt hatte. Der Nachteil der in Boston verwendeten Atomfalle war, dass es genau im Zentrum der Falle einen Punkt gab, an dem kein Magnetfeld herrschte. Kam zufällig eines der eingesperrten Atome dorthin, konnte es seinen Spin umklappen und aus der

Falle entweichen. Ketterle und seine Leute hatten deshalb beschlossen, einen »optischen Stöpsel« in das Loch zu stecken, mit anderen Worten, mit einem starken Laserstrahl die Atome von diesem Zentrum fern zu halten. Als der neue Versuchsaufbau fertig war, ergab er sofort »spektakuläre Ergebnisse«. Es gelang nun, tiefer zu kühlen, gleichzeitig gingen weniger Atome verloren. Nun war man schon ganz kurz davor, die Atome zum Kondensieren zu bringen, aber man glaubte, dass man trotzdem noch Monate oder gar Jahre daran arbeiten müsste. Zwei weitere Forscher kamen in diesen Tagen zu der Gruppe hinzu: der Doktorand Dan Kurn und der Postdoc Klaasjan van Druten. Alles sollte aber wieder einmal nicht so einfach werden, denn nun bekam Ketterles Mannschaft plötzlich ernsthafte Probleme mit dem Vakuum. Die Spulen im Inneren des Gefäßes gaben irgendwelche Gase ab, und man musste sie mehrmals langwierig ausheizen, um dies zu unterbinden. Außerdem musste Ken Davies nun endlich seine Doktorarbeit schreiben und fiel deshalb beim Experimentieren aus. Und genau in diese schwierige Phase platzte wie ein Donnerschlag im Juni 1995 die Nachricht aus Boulder, Colorado: Dort hatten es Eric Cornell und Carl Wieman endlich als erste Menschen der Welt geschafft, ein BEC aus Rubidiumatomen herzustellen.

Fieberhaft machte das Team in Boston eine Reihe von Versuchen, aber immer, wenn die Natrium-Atomwolke sehr kalt wurde, verschwand sie. Die Wissenschaftler vermuteten, dass dies mit einem Zittern des Laserstrahls zu tun habe, und als sie auch noch feststellten, dass die ganze Vakuumkammer vibrierte, beschlossen sie, alle mechanischen und Turbopumpen gegen Ionengetterpumpen auszutauschen, die keine Vibrationen verursachen konnten. Unglücklicherweise kam es beim Umbau wiederum zu einem Leck im Vakuumsystem, dessen Beseitigung erneut viel Zeit kostete.

Ketterle schienen die Felle davonzuschwimmen, und entsprechend aufgewühlt war er. Sollte nun die ganze Mühe der letzten viereinhalb Jahre umsonst gewesen sein? Hatten die Konkurrenten in Colorado einfach eine glücklichere Hand gehabt bei der Auswahl ihrer Konfiguration? Sollte man nun nicht vielleicht auch auf deren Design umschwenken und die eigene Atomfalle mit den Natriumatomen vergessen? »Ich überlegte mir mehrere Strategien«, erzählte Ketterle später, aber am Ende blieb er doch bei dem bereits erprobten Experiment, zumindest vorläufig. Die Mehrheit der Mitarbeiter in Ketterles Team hatte dafür gestimmt, bevor man sich völlig neuen Apparaten zuwenden wolle. »Glücklicherweise folgten wir diesem Vorschlag, es ist immer gut, wenn man auf die Mitarbeiter hört«, sah der Teamchef schließlich ein.

Und dann kam die Nacht des 30. September 1995, als es dem Team erstmals gelang, ein Bose-Einstein-Kondensat nachzuweisen. Die Eintragung im Laborjournal spiegelt die Aufregung des Augenblicks wider.

Abb. 27: Die Entstehung eines BEC.
Quelle: http://cua.mit.edu/ketterle_group/home.htm

Nun hatten es also auch Ketterles Mannen geschafft, ein BEC herzustellen, wenn auch erst Wochen nach ihren Konkurrenten in Colorado. Um den Nachteil des verspäteten Erfolgs wieder wettzumachen, legten sich die Leute am MIT nun umso mehr ins Zeug: Einige Tage nach dem 30. September erzeugten sie noch weit bessere Bilder und Messergebnisse, sogar einen kleinen Film, der zeigt, wie sich das Kondensat innerhalb von sechs Millisekunden scharf herausbildet. Auch bei den BECs als solchen versuchte man besser zu sein als die Konkurrenten. Nicht 2000 Rubidiumatome wie in Boulder, nein, in Boston wurde nun geklotzt: 500 000 Natriumatome, mehr als 200 Mal so viel, kondensierte man, und das auch noch innerhalb einer Kühlzeit von nur neun Sekunden, was nur einem Vierzigstel der Boulder-Zeit entsprach.

Ketterle, der inzwischen die John D. MacArthur-Professur am MIT innehat, erkannte, dass er nur dann noch eine Chance auf den Nobelpreis hatte, wenn er mit großem Einsatz eine hohe Zahl von Experimenten mit dem neuartigen Materiezustand machte, während die schnelleren Kollegen in Boulder sich eher zurücklehnen und das Treiben in Boston gelassen betrachten konnten. Dort aber gelang es Ketterle mit enormer Energie, Disziplin und Einsatzkraft, ein Feuerwerk von Experimenten zu veranstalten.

Einige Versuche, etwa Interferenz-Experimente, konnte er leichter machen, weil seine BECs weitaus mehr Atome enthielten. So kam das Nobel-Komitee am Ende nicht an ihm vorbei und verlieh ihm wie Cornell und Wieman ein Drittel des Preises.

Da war es nun also, weniger als ein Millionstel Grad kalt, hunderttausend Mal dünner als Luft und kleiner als der Durchmesser eines Haares, aber dennoch das Ziel aller Träume, der Kondensationspunkt der Physikerwünsche im wörtlichsten Sinne. Es sieht aus wie eine kleine

Erhöhung ganz unten in der Glaszelle im Inneren der magnetischen Falle; ähnlich wie ein winziges Tröpfchen Wasser, das sich bei feuchter Luft auf einem kalten Glas niederschlägt.

Während es sich bildet, ist es erst noch von normalen Gasatomen umgeben, deshalb sieht es zunächst aus wie ein winzig kleiner Kirschkern. Mit bloßem Auge kann man es zwar sehen, aber es ist zu klein, als dass man seine Form genau erkennen könnte. Deshalb muss man es unter dem Mikroskop betrachten und mit Laserlicht beleuchten. Dann ist es möglich, seine Entstehung ebenso zu beobachten wie seine allmähliche Auflösung, wenn man die Falle abschaltet.

Der Anblick dieser neuen Art von Materie, wie sie vorher noch nie auf der Erde existiert hatte, machte sogar Wissenschaftler zu Dichtern: Ein Bose-Einstein-Kondensat »ist quasi das materielle Gegenstück zum Laser«, schreiben Cornell und Wieman, »anstelle der Photonen tanzen Atome in vollkommener Harmonie miteinander«. Und Ketterle spricht von der »Magie der Materiewellen«.

Was die beiden Forscher aus Colorado als »tanzen« beschreiben, ist die von Bose und Einstein vorhergesagte Eigenschaft: Hier verhalten sich Teilchen nachweisbar wie eine Welle. Und nicht nur ein Teilchen, sondern Hunderttausende von Teilchen bilden zusammen eine einzige Welle. Der Grund hierfür liegt in der Ununterscheidbarkeit dieser Teilchen. Es sind nicht 500 000 Wellen, die sich überlagern zu einem bunten Muster, sondern 500 000 völlig identische Wellen, die gemeinsam wie eine große Welle aussehen. Sie ist so groß, dass man sie nicht nur mit Messgeräten nachweisen, sondern sogar mit dem bloßen Auge sehen kann. Ein quantenmechanisches Objekt also, das zwar aus der mikroskopischen Welt entsprungen, aber selbst so groß ist, dass man es der makroskopischen Welt zurechnen muss, dass man es betrachten, manipulieren, fotografieren kann. Und das die Hoffnung weckt, dass es uns damit auf dem Weg zum Verständnis der seltsamen quantenmechanischen Phänomene ein gutes Stück weiter voranbringt.

Was man mit BECs alles anfangen kann, beginnen die Forscher erst nach und nach zu verstehen. Ein Physikkurs der Colorado-Universität erklärt das Phänomen auf diese Weise: »Es ist so ähnlich, als würde man vor 400 Jahren in Tahiti leben, und überraschenderweise würde ein Eisberg auf den Strand geschwemmt. Da man noch nie vorher Eis gesehen hat, dauert es eine Weile, bis man begreift, dass man ihn gut dazu benutzen kann, um Eiscreme herzustellen!« Außerdem müssen noch einige technische Probleme gelöst werden, bevor es gelingt, ein Bose-Einstein-Kondensat routinemäßig zu verwenden: Erstens ist es unglaublich fragil, das fragilste Ding, das je existierte. Zweitens kann man bisher nur winzige Mengen davon herstellen. Und drittens gelingt es bisher nur, es aus wenigen Atomarten herzustellen.

So wurden aus den Bose-Einstein-Kondensaten, die nun Physiker in vielen Labors der Welt nach dem Strickmuster der drei Entdecker herstellten, extrem beliebte Versuchstiere. Ketterle selbst schreibt: »Das Studium ihrer Eigenschaften ist zur Zeit eines der heißesten Gebiete der Physik und jedes Jahr Thema von rund 500 Publikationen.« Die Welt wird deshalb im Augenblick Zeuge einer rasanten Entwicklung, wie sie in der Physik seit fast achtzig Jahren nicht mehr stattgefunden hat.

Wiederum sind auch deutsche Forscher daran beteiligt, ja sie spielen sogar eine führende Rolle. Allen voran natürlich Wolfgang Ketterle, der nach wie vor am MIT in Boston arbeitet, aber ebenso Wissenschaftler des Max-Planck-Instituts für Quantenoptik, etwa der Physiker Theodor W. Hänsch, in den USA auch liebevoll Ted Hansch genannt. Am derzeitigen Boom der Quantenoptik

ist er nicht ganz unschuldig. Er gilt als einer der Wegbe-
reiter des innovativen Forschungsgebiets, so war er beispielsweise an der Universität Stanford 1977 der Doktor-
vater von Carl Wieman.

Hänsch ist einer der leisesten Superstars der Wissenschaft. Zwar ist er unter seinen Fachkollegen weltweit
hoch geschätzt, seit dreißig Jahren an vorderster Front
der Forschung, stets brillant und kreativ, aber in der
Öffentlichkeit völlig unbekannt. Seit 1986 arbeitet er in
München – parallel als Ordinarius an der Universität und
als Direktor des Max-Planck-Instituts für Quantenoptik
(MPQ) in Garching. Als er am 30. Oktober 2001 seinen
60. Geburtstag feierte, veranstalteten Universität und
MPQ ihm zu Ehren ein Kolloquium, an dem so viel hoch-
karätige Forscherprominenz teilnahm, wie man in der
bayerischen Landeshauptstadt schon lange nicht mehr auf
einem Fleck gesehen hatte. Nicht weniger als sechs Nobelpreisträger waren gekommen, um ihn zu feiern, fünf
davon extra aus Übersee angereist.

Seit mindestens einem Jahrzehnt vergeht kaum ein
Herbst, in dem nicht gemunkelt wird, diesmal werde
Theodor Hänsch selbst den Nobelpreis erhalten, und in
der Tat war er viele Male für diese höchste Auszeichnung
nominiert. Dass er bisher doch nie zum Zuge kam, mag an
mehreren Dingen liegen.

Zum einen: Theodor Hänsch ist die Unauffälligkeit in
Person. Ihn umgibt eine solche Aura von In-sich-Gekehrt-
heit und Schüchternheit, dass man ihn manchmal wach-
rütteln möchte; meist erscheint er unberührt vom Leben
um sich herum, oft bis zur Brüskierung seiner Umwelt.
Wenn man ihn im Kreis seiner Doktoranden und Mitarbeiter beobachtet, erkennt man ihn allenfalls durch sein
Alter und seine grauen Haare, nicht etwa dadurch, dass er
als Führungspersönlichkeit auftritt. Er spricht schnell und
in druckreifen Sätzen, bleibt sanft, zurückhaltend, wird

Abb. 28: Theodor Hänsch (Mitte) mit seinem Team (Esslinger und Bloch) im Labor.
Quelle: http://www.mpq-awards/philip-morris.html

nie laut. Seine Autorität ist dennoch unumstritten; er überzeugt durch Leistung, Ideen und seinen analytischen Verstand, nicht durch energisches Benehmen. »Etwas mehr Wind zu machen würde heutzutage wahrscheinlich manchmal nicht schaden«, meint er, aber es ist eben nicht seine Art.

Zum anderen: Mit seinen Forschungsthemen ist Theodor Hänsch seiner Zeit immer ein wenig voraus. Zu weit vielleicht. Andere nehmen die Themen dann oft später auf, arbeiten sie weiter aus, bringen sie in Mode und sahnen ab. Er selbst bleibt im Hintergrund.

So war das etwa bei der Entwicklung der »dopplerfreien Spektroskopie« mit Farbstofflasern. Im April 1970 ging Hänsch als frisch promovierter junger Physiker an die Stanford University zu Arthur L. Schawlow, dem Miterfinder des Lasers. »Er gab mir relativ viel Freiheit, auch weil er sich gerade auf ein Sabbatical vorbereitete. Ich habe dort praktisch eine neue Forschungsrichtung angefangen, die Herr Schawlow vorher nicht betrieben hatte: hochauflösende Spektroskopie mit Farbstofflasern«, erzählt Hänsch. »Das hat eine Revolution in der Spektroskopie ausgelöst. Weil wir jede beliebige Wellenlänge erzeugen konnten, hat sich ein neues, großes Forschungsgebiet aufgetan.«

Schawlow erhielt unter anderem dafür 1981 den Physik-Nobelpreis und sagte später einmal in seiner bekannt humorvollen Art: »Das Geheimnis, wie man den Nobelpreis bekommt, ist folgendes: Man engagiert jemanden wie Ted Hansch und lässt ihn die Arbeit machen.« In der witzig gemeinten Bemerkung steckt ein dickes Korn Wahrheit: Hänsch hatte es damals schon abgelehnt, sich in den Vordergrund zu spielen. Ganz bewusst hatte er an Stellen weitergeforscht, wo andere »glaubten, das sei nicht attraktiv genug«, nämlich an der Entwicklung des Farbstofflasers. »Mit etwas wie Farbstoffen wollte sich niemand die Finger schmutzig machen«, erinnert er sich, »als Physiker fühlte man sich den eigentlich dafür zuständigen Chemikern weit überlegen.« Er aber erkannte schnell das Potenzial, das in diesen Lasern steckte. Sie ermöglichten es zum ersten Mal, die Frequenz auf die Erfordernisse des Experiments abzustimmen. Heute, im Zeitalter der Halbleiterlaser, ist das fast schon eine Selbstverständlichkeit, damals war es völlig neu.

Auch in einem anderen Fall war er wieder einmal zu früh dran, diesmal 1971 bei der Erfindung der Laserkühlung, die sich sozusagen fast automatisch aus seinem Verfahren zur dopplerfreien Spektroskopie ergab. »Die Community hat das damals sehr aufgeregt, dass es nun möglich war, Atome mit Laserlicht zu kühlen«, lächelt Hänsch. »Ich als junger Postdoc wurde überschüttet mit Besuchern und Einladungen zu allen möglichen Vorträgen. 1973, also zwei Jahre später, erhielt ich dann vom California Museum of Science and Industry einen Preis, den California Scientist of the Year.« Den Nobelpreis bekam er dafür wieder nicht, 1997 verlieh ihn das Stockholmer Komitee den Amerikanern Steven Chu und William Daniel Phillips zusammen mit dem Franzosen Claude Cohen-Tannoudji »für ihre Entwicklung von Methoden zum Kühlen und Einfangen von Atomen mit Hilfe von Laserlicht« – so die offizielle Begründung.

Im Gegensatz beispielsweise zu seinem jungen Kollegen Wolfgang Ketterle, dem nachgesagt wird, dass er mit aller Kraft darauf hingearbeitet hat, den Nobelpreis zu erringen, lässt Ted Hansch es eher ruhig angehen und hält sich im Hintergrund. Nein, er ärgere sich nicht, meint er, wenn wieder einmal ein Schüler oder Kollege von ihm einen Nobelpreis ergattert hat, er freue sich mit dem Geehrten. Und außerdem habe der Nobelpreis ja auch ganz schön große Nachteile.

Die Vorteile eines weltweit geschätzten und angesehenen Wissenschaftlers genießt er auch so, ohne zum Zirkel der Nobel-Laureaten zu gehören: Fast das ganze Jahr über ist er unterwegs, jettet rund um die Welt, ist eingeladen zu Tagungen, als Festredner auf Kongressen und als Berater der Mächtigen. Auch wenn es oft anstrengend und zeitraubend ist, genießt der Junggeselle das. Neben München fühlt er sich auch in den USA zu Hause, wo seine Freundin lebt, und in Florenz, wo er eine kleine Wohnung unterhält (»102 Stufen ohne Fahrstuhl, das ist mein einziger Sport«) und ein Universitätsprojekt mit betreut. Am schönsten fand er die Zeit, als er am Caltech in Kalifornien ein Semester lang als Gordon-Moore-Fellow eingeladen war.

Das Stipendium, das Gordon E. Moore, Gründer der Firma Intel, gestiftet hat, bietet den Auserwählten jeden

Komfort: »Ein Haus beziehungsweise in meinem Fall eine große Wohnung, größer, als ich sie überhaupt benützen konnte, und einen Fahrer, der einen überall hinfährt. Außerdem erhält man ein Mehrfaches des deutschen Gehaltes. Und man muss im Prinzip nichts tun. Sie erwarten nur, dass man da ist und bei den Diskussionen mit den Kollegen dort einen Beitrag leistet.«

Dass es mit dem Nobelpreis trotzdem noch einmal etwas wird, ist keineswegs ausgeschlossen. Denn immer noch und immer wieder arbeitet Theodor Hänsch an Projekten, die die wissenschaftliche Welt elektrisieren. Im Jahr 1999 erfand er – aufbauend auf einem Bose-Einstein-Kondensat – einen Atomlaser, der analog zum Lichtlaser eng gebündelte Materiewellen aussendet. Diese Sensation glückte ihm und seinem Team wieder einmal im Rahmen eines weltweiten Konkurrenzkampfs: Diesmal hatte Ketterle zusammen mit Dave Pritchard und deren Gruppe in Boston ebenso wie das Team um Bill Phillips am NIST (National Institute for Standards and Technology) im amerikanischen Gaithersburg knapp die Nase vorn.

Mit dem Atomlaser gelingt es Physikern, einen kontinuierlichen Strahl von Atomen zu erzeugen, der so geordnet ist wie ein Laserstrahl. Ähnlich wie in einem Laser die Lichtwellen sich gegenseitig überlagern und verstärken, sind es im Atomlaser die Materiewellen der Atome. »Das Verstärken von Atomen ist allerdings feiner als das Verstärken von elektromagnetischen Wellen, aus denen Radiowellen oder Licht bestehen«, erklärt Wolfgang Ketterle, »denn Atome können nur ihren Quantenzustand ändern, aber nicht erzeugt oder vernichtet werden. Deshalb könnte man den Traum der mittelalterlichen Alchemisten nicht verwirklichen, selbst wenn man Goldatome verstärken könnte.« Ein »Atomverstärker« macht nicht aus einem Atom viele, sondern er verwandelt lediglich Atome im aktiven Medium in eine Materiewelle, die sich im genau gleichen Quantenzustand befindet wie die ankommende Welle.

Hänsch sammelt in München schon seit über einem Jahrzehnt intensive Erfahrungen im Umgang mit Atomfallen. Ihm und seinen Mitarbeitern Tilmann Esslinger und Immanuel Bloch gelang es, aus einem Bose-Einstein-Kondensat mit Hilfe von Radiowellen Atome herauszulösen. Unter dem Einfluss der Schwerkraft fallen sie aus der Atomfalle heraus nach unten und bilden dabei einen kontinuierlichen, extrem eng gebündelten Strahl. Aufgrund des Dipolmoments der Atome kann man den Strahl mit Hilfe von Licht reflektieren und ablenken, ähnlich wie einen konventionellen Lichtstrahl an Spiegeln.

Eine ganze Reihe praktischer Anwendungsmöglichkeiten sind heute schon denkbar: Atomlaser könnten ähnlich wie ein Laserdrucker winzigsten Maßstabs sehr dünne und exakte Strukturen auf elektronische Halbleiterchips auftragen. Außerdem erwartet man noch genauere Messmethoden für die Zeit und für die Stärke der Gravitation.

Bis die Handhabung derartiger Atomlaser aber so ausgereift ist, dass die Geräte problemlos in der Praxis eingesetzt werden können, werden wohl noch einige Jahre vergehen. Das war beim Laser auch nicht anders. »Obwohl der Laser schon Anfang der sechziger Jahre erfunden wurde, gibt es auf dem Gebiet noch heute dramatische Fortschritte«, sagt Professor Hänsch, »bei den Atomlasern wird das über Jahrzehnte hinweg ganz ähnlich laufen. Wir arbeiteten zunächst daran, die Atomfalle mit lithografischen Techniken zu miniaturisieren. Damit sinken auch die notwendigen Stromstärken. Eines Tages können Atomlaser vielleicht so klein werden wie heute Halbleiterlaser.«

Inzwischen gelang es ihm und seinem Team, die dazu nötige Atomfalle sowie die Steuerelektronik auf einem daumennagelgroßen Chip unterzubringen. Stolz verweist er auf den Bericht in einer japanischen Zeitung, die das Gerät abgebildet hat. »Wir haben mit dem Chip ultrakalte Atome erzeugt, die ein Bose-Einstein-Kondensat bildeten, und dieses Kondensat haben wir dann mit einer Art elektrischem Förderband entlang des Chips bewegt. Im Oktober 2001 haben wir das in ›Nature‹ veröffentlicht. Und wenn es nun in einer japanischen Wirtschaftszeitschrift erscheint, dann muss es doch wichtig sein«, meint er augenzwinkernd.

Das ist aber längst nicht alles. Hänsch beteiligt sich intensiv an den Überlegungen, was man mit Bose-Einstein-Kondensaten außerdem noch Sinnvolles anfangen könnte. Er bringt sie in seinem Universitätslabor in der Münchner Innenstadt in ein elektromagnetisches Feld, das die Form eines winzigen Eierkartons hat. Dieses Gebilde, das er sehr plastisch »Lichtkristall« nennt, erzeugt er durch die Überlagerung von einander entgegenlaufenden Laserstrahlen. Im vergangenen Jahr gelang es seiner Gruppe, ein Kondensat in einen solchen Lichtkristall einzuschließen und es auf diese Weise zu zwingen, seine Welleneigenschaft schlagartig aufzugeben.

»Es fühlt sich so an, als seien die Atome dann wirklich lokalisiert in den Töpfen, also den Mulden des Eierkartons«, erklärt der Forscher. »Aber das Verblüffende ist: Wenn ich die Lichtstärke herunterfahre, dann kommt sehr schnell wieder die Wellennatur der Atome zum Vorschein. Die Atome sind dann innerhalb von Millisekunden wieder über das ganze Gitter ausgedehnt.« Das Objekt, von Fachleuten »Mott-Isolator« genannt, bietet eine echte Chance, einen Quantencomputer zu realisieren. Die Grundidee für einen solchen Über-Rechner spukt seit einigen Jahrzehnten in den Köpfen mancher Forscher herum, ist bisher aber an der praktischen Verwirklichung kläglich gescheitert. Hänsch könnte sie mit seinem genialen Experiment vielleicht auf den Weg zur Realisierung bringen.

Wie schafft es ein Forscher, ständig neue Ideen zu produzieren, kreative Experimente zu erfinden, die die Wissenschaft voranbringen auf ihrer Suche nach der Wahrheit? Ted Hänsch hat dafür »kein Patentrezept. Das ist so wie früher bei den Abenteurern, die mit dem Buschmesser durch den Dschungel gingen, die konnten auch nicht ohne weiteres entscheiden, was sie als Nächstes entdecken würden. Sie mussten nach Kompass oder ihrer Nase gehen und schauen, wo das Dickicht überhaupt beherrschbar ist. Ob man irgendwelche Täler oder Flüsse oder Goldadern findet, das weiß man vorher nicht.«

Sicherlich trägt dazu bei, dass der Atomphysiker Hänsch ganz in seiner Arbeit aufgeht. Selbst in seiner knappen Freizeit verkriecht er sich oft in sein »Spiel-Labor« in der Münchner Schellingstraße, wo er viele Dinge selbst ausprobiert und geduldig an Details herumbastelt. »Das ist meine Art von Entspannung«, sagt er.

»Er macht wirklich nicht viel anderes als Physik«, meint ein Kollege, der bei Hänsch promoviert hat. Die aber macht er mit Leib und Seele. Ein besonders spannendes, aber auch riskantes Experiment steht in Hänschs Labor im Max-Planck-Institut für Quantenoptik, wo sein »Haustier«, das Wasserstoffatom, nach allen Regeln der Kunst vermessen wird.

»Normaler Wasserstoff hat das einfachste aller Atome, dazu gibt es ausgefeilte Theorien«, erklärt er den Grund. »Wenn wir sehr genau messen können, dann können wir die Vorhersagen der Theorien, vor allem der Quantenelektrodynamik, auf eine Weise prüfen, wie das sonst kaum möglich ist. Wenn wir doch noch irgendetwas übersehen haben, wenn doch noch irgendwelche Wechselwirkungen, Kräfte oder Teilchen existieren, von denen wir nichts wissen, dann haben wir hier eine Chance, ihnen auf die

Spur zu kommen.« Seit 25 Jahren ist es ihm gelungen, die Genauigkeit seiner Messungen immer weiter zu erhöhen: »Wir sind stolz darauf, dass wir es geschafft haben, über viele Jahre hinweg ein Fortschrittstempo aufrechtzuerhalten, das viel dramatischer ist als die Fortschritte in der Mikroelektronik.«

Dort, in seinem Labor in Garching, lauert Hänsch seit Herbst 2002 zusammen mit seinem Team auf die Ergebnisse einer Messung, die alle bisherigen Grundsätze der Physik umstoßen könnte: »Es gibt Hinweise, dass Naturkonstanten nicht konstant sind, sondern sich langsam ändern. Astronomische Beobachtungen weisen darauf hin, dass vor sieben Milliarden Jahren die Feinstrukturkonstante ein bisschen anders war als heute.« Dies könnte sich in einer extrem winzigen Veränderung im Wasserstoffatom zeigen.

Kann man so etwas mit Laborexperimenten messen? Die Antwort ist ja. »Wir haben ein Langzeitexperiment laufen, das den Wert über Jahre hinweg misst. So haben wir eine Chance, diesen Effekt zu sehen, falls er wirklich existiert. Das ist richtig spannend.« Falls sich die Konstante tatsächlich ändert, hätte das gigantische Auswirkungen auf das gesamte Weltbild der Physik. Es würde beispielsweise auch bedeuten, dass die Masse der Atome im Lauf der Jahrmillionen ganz allmählich zunimmt.

Wenn es ihm gelingt, etwas Neues zu schaffen, Dinge zu entdecken, die vorher keiner kannte, dann ist Theodor W. Hänsch glücklich. »Das schafft schon ein Hochgefühl«, gibt er zu, »einmal durch die Befriedigung der Neugier, und hinzu kommt der Wunsch, dass andere das anerkennen. Aber das ist nicht so primär. Wenn ich auf einer einsamen Insel wäre oder wenn es sonst niemanden gäbe auf der Welt, würde ich trotzdem versuchen, meine Umwelt zu verstehen und Wissenschaft in irgendeiner Form zu betreiben.«

Ähnlich geht es wohl auch Wolfgang Ketterle. Für ihn als einen der Väter des Bose-Einstein-Kondensats war es nur logisch, dass er sich intensiv auf die Erforschung dieses seltsamen Zustands konzentrierte. Neben dem Atomlaser gelang ihm ein weiteres Aufsehen erregendes Experiment, das die Quanteneigenschaften des BECs augenfällig macht: Er verwirbelte das Kondensat und beobachtete, was dann geschah.

Wirbel in Flüssigkeiten gibt es in der unterschiedlichsten Form. Die klarste und einfachste ist die, die beispielsweise beim Rühren in der Kaffeetasse oder beim Abfließen des Badewassers entsteht: Ein großer, regelmäßiger Wirbel zieht alle Teilchen mit, innen bewegen sie sich langsam, weiter außen schneller. Andere Wirbelarten sind ungeordnet: Fließt beispielsweise ein Bach langsam zu Tal, zeigt seine Strömung noch relativ wenige Unregelmäßigkeiten. Der Physiker nennt diese Strömung »laminar«. Legt man als Hindernis einen Stein ins Wasser, umfließt ihn das Wasser ganz glatt. Ist das Gefälle höher und der Bach fließt schneller, zeigen sich hinter dem Stein Wirbel. Sie sind aber relativ stabil und halten sich meist an der gleichen Stelle. Mit zunehmender Strömungsgeschwindigkeit lösen sich diese Wirbel ab und treiben den Bach hinunter, das Geschehen wird unübersichtlich.

Im Extremfall besteht das Wasser aus durcheinander strudelnden, wirbelnden Bereichen, die sich schnell ändern und vermischen: Die Strömung ist »turbulent« geworden. Die Bewegung eines bestimmten Wasserteilchens scheint völlig unvorhersagbar und zufällig geworden zu sein. Der Bach ist nun ein »chaotisches System«. Derartiges Chaos herrscht in vielen Bereichen: im kochenden Wasser, in der Lava, die sich aus einem Vulkan herabwälzt, vor allem aber in den wirbelnden Luftmassen der Atmosphäre, die unser Klima verursachen. Sie machen die Wettervorhersage extrem schwierig.

Würde sich nun das Bose-Einstein-Kondensat, wenn man es umrührt, wie Badewasser oder wie ein schnell fließender Bach verhalten? Die Antwort ist absolut verblüffend: wie keines von beiden.

Die Theorie sagt voraus, dass Quantensysteme, wenn sie rotieren, dies nur so tun können, dass der Umfang des Kreises, den sie beschreiben, ein ganzzahliges Vielfaches der de-Broglie-Wellenlänge sein muss. Einfacher ausgedrückt heißt das, dass die Materiewelle auf dem Umfang des Kreises Platz haben muss, einmal, zweimal oder mehrmals, aber immer ganz oder gar nicht. Diese Tatsache hat letztlich auch zur Entwicklung des Bohr'schen Atommodells geführt: Auch dort können die Elektronen nur auf bestimmten Bahnen um den Atomkern umlaufen.

Bei rotierenden Superfluiden – und ein solches ist ein Bose-Einstein-Kondensat – führt diese quantenmechanische Vorschrift dazu, dass sich »Quantenwirbel« bilden. Beginnt man also ein solches Kondensat ganz sanft zu rühren – Ketterle tat dies mit einem Laserstrahl, »so wie man einen Pingpongball mit einer Feder streichelt, bis er zu rotieren beginnt« –, bilden sich urplötzlich winzige Einzelwirbel heraus, die alle gleich groß sind. Man hat derartige Mini-Strudel bereits in anderen Superfluiden beobachtet, etwa in tiefkaltem Helium.

Jean Dalibard von der École Normale Supérieure in Paris mit seinem Team hat diesen Effekt im Jahr 2001 ebenso nachgewiesen wie Wolfgang Ketterle in Boston. Diesem gelangen sogar Fotos von Atomwölkchen, die sich in mehr als hundert Quantenwirbel aufgespalten hatten. »Es war ein atemberaubendes Erlebnis, als wir diese Wirbel sahen«, erzählte er später. Im Schattenwurf der Kondensate lassen sich die Mikrostrudel gut erkennen, da durch sie das Licht hindurchscheint wie durch Löcher im Käse, nur sind die Wirbel wesentlich regelmäßiger angeordnet.

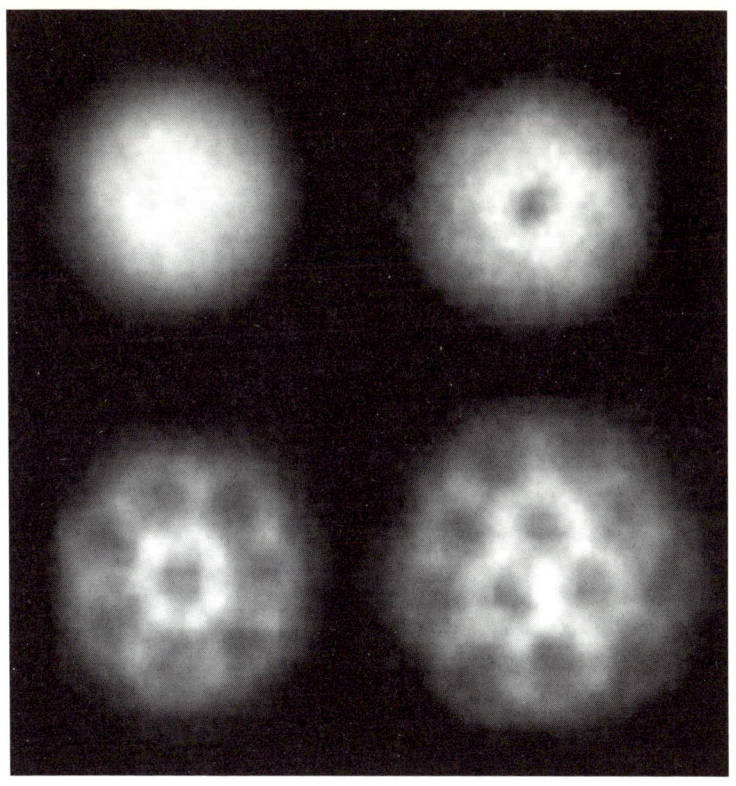

Abb. 29: Quantenwirbel von Jean Dalibard.
Quelle: http://www.science.uva.nl/research/nscolloquium/
abstracts/dalibard.html

Diese Art von Mini-Tornados sind ein Phänomen, das Astronomen schon lange in so genannten Neutronensternen vermuten. Und so schlägt die Physik eine Brücke vom Allerkleinsten zum Allergrößten, von den winzigen Teilchenwellen in einem Bose-Einstein-Kondensat zu den riesigen Sternleichen draußen im Universum. Dabei kann es kaum etwas Unterschiedlicheres geben: BECs sind hunderttausend Mal dünner als Luft und kälter als der Weltraum. Im Gegensatz dazu sind Neutronensterne extrem schwer: Ein Kubikzentimeter von ihnen wiegt rund hundert Millionen Tonnen, und in ihrem Inneren sind sie hundert Mal heißer als die Sonne. Was also sollten BECs und Neutronensterne gemeinsam haben? Beides sind Superfluide, also Flüssigkeiten, die ohne innere Reibung oder Zähigkeit fließen.

Niemand hat je die superfluiden Wirbel im Inneren eines Neutronensterns gesehen, aber es gibt gute Gründe anzunehmen, dass sie wirklich existieren.

Viele Neutronensterne sind nämlich Pulsare, das heißt, sie drehen sich ungeheuer schnell und senden dabei einen Strahlungskegel aus, der in regelmäßigen Intervallen über unsere Fernrohre streicht, ähnlich wie der Lichtkegel eines Leuchtturms in der Nacht. Die Rotation ist extrem schnell – dreißig Mal pro Sekunde – und sehr gleichmäßig, fast so genau wie Atomuhren. Deshalb glaubten Jocelyn Bell Burnell und Tony Hewish im Jahr 1967, als sie zum ersten Mal einen solchen Pulsar entdeckten, sie hätten Signale von Außerirdischen aufgefangen. Manchmal zeigen Pulsare allerdings plötzliche Störungen wie eine billige Armbanduhr und beginnen schneller zu laufen. Diese Störimpulse könnte man erklären durch superfluide Wirbel, die im Inneren des Sterns entstehen oder zerfallen oder die an der äußeren Kruste des Sterns reiben.

Wo kommen sie aber her, diese superschweren Neutronensterne? Sie sind die Überreste von Supernovae: Sterne, die plötzlich am Nachthimmel auftauchen, hell erstrahlen, um dann wenige Monate später wieder zu verschwinden.

Die ältesten überlieferten Zeugnisse über solche »neuen Sterne« oder »Novae« stammen aus dem 11. Jahrhundert und kommen aus dem Fernen Osten. Auch der dänische Astronom Tycho Brahe entdeckte 1572 eine Supernova, die man sogar mit bloßem Auge sehen konnte. Und der große deutsche Astronom Johannes Kepler beobachtete im Jahr 1604 eine solche Erscheinung.

Seit man systematisch auf die Suche nach Novae geht, indem man automatische Suchprogramme dafür einsetzt und den Nachthimmel auf Veränderungen hin abscannt, entdecken Forscher jedes Jahr mehr als hundert Supernovae in allen Regionen des Kosmos. Auch wenn sie oft nur als kleine Lichtpunkte sichtbar werden, zählen sie doch zu den spektakulärsten Ereignissen im Weltall. »Die Leuchtkraft einer Supernova erreicht kurzfristig die einer ganzen Galaxie von hundert Milliarden Sternen und ist damit so hell, dass man sie noch in einer Entfernung von Milliarden Lichtjahren mit großen Teleskopen beobachten kann«, erklärt Wolfgang Hillebrandt, Direktor am Max-Planck-Institut für Astrophysik. Das Licht, das zu uns dringt, berichtet damit nicht nur über lang vergangene Zeiten, sondern es eignet sich auch zur Vermessung des Universums.

Ein fernes Lichtpünktchen im Dunkel der Nacht – man kann sein Spektrum analysieren und seine zeitliche Veränderung beobachten. Mehr Informationen liefern auch die besten Teleskope nicht über eine Supernova. Das Hauptproblem: Licht wird nur von den äußersten Zonen eines Sterns ausgesandt. Was im Inneren passiert, bleibt verborgen, weil die Materie der Sterne meist undurchsichtig ist. »Im Fall einer Supernova dauert es typischerweise mehrere Jahre, bis das Gas so weit expandiert ist, dass es durchsichtig wird«, bedauert Hillebrandt, »häufig sind ferne Supernovae aber dann schon so schwach, dass man sie kaum mehr beobachten kann.«

Trotzdem ist es Forschern gelungen, aus diesen wenigen Informationen plausible Modelle für die Vorgänge zu entwickeln, nach denen die gigantischen Feuerkugeln im All explodieren. Anschließend ist man darauf angewiesen, diese im Computer zu simulieren, um zu prüfen, ob der hypothetische Ablauf auch wirklich zu den Ergebnissen führt, die man in der Realität beobachtet.

Inzwischen ist man sicher, dass es zwei Haupttypen von Supernovae gibt: Der eine entsteht dadurch, dass ein weißer Zwerg in sich zusammenstürzt. Im Inferno des kollabierenden und dann explodierenden Sterns wird seine Materie durch die thermonukleare Verschmelzung von Atomkernen aufgeheizt, gleichzeitig entstehen schwere Elemente bis hin zum Eisen. Die gewaltige Explosion einer solchen Supernova sorgt dafür, dass ihre gesamte Materie als heiße Wolke ins All hinausgeschleudert wird. Man hat derartige Phänomene in der Tat beobachtet, aber viele Supernovae müssen grundsätzlich anders funktionieren, denn ihr Spektrum ist völlig anders, und bei ihnen bleibt nach der Explosion im Zentrum ein Neutronenstern oder gar ein Schwarzes Loch zurück.

Worauf beruht diese andere Art von Supernova? Seit den fünfziger Jahren machen sich Forscher darüber Gedanken, und es entstand eine Vielzahl von Modellen, die aber zunächst alle nicht überprüfbar waren. In dieser Situation kam der Wissenschaft ein Ereignis zu Hilfe, das 1987 geschah: Am 23. Februar beobachteten Astronomen die Explosion einer Supernova in der Großen Magellanschen Wolke, nur knapp 170 000 Lichtjahre von uns entfernt. Und dieses Phänomen konnte man in Beziehung setzen zu Neutrinomessungen, die in großen Experimenten in Italien, USA und Japan zur gleichen Zeit tief unter der Erde gemacht wurden. Es gelang dort, zwanzig der winzigen, ungeladenen Elementarteilchen einzufangen. Da Neutrinos mit Lichtgeschwindigkeit fliegen, kamen sie zur gleichen Zeit auf der Erde an wie das Lichtsignal – ein deutlicher Hinweis darauf, dass sie ebenfalls von der beobachteten Supernova stammten.

Zwanzig Neutrinos – das erscheint wenig, ist aber viel, wenn man bedenkt, dass diese Teilchen nur äußerst selten mit normaler Materie zusammenstoßen und sich damit nachweisen lassen. »Von einer Milliarde Neutrinos, die durch die Erde fliegen«, so Astrophysiker Hans-Thomas Janka, »kollidiert im Durchschnitt nur ein einziges mit einem Atom des gesamten Erdballs.« Wenn man dies weiß, ist es nicht verwunderlich, dass man aus Hochrechnungen die unvorstellbar große Zahl von insgesamt 10^{58} Neutrinos erhielt, die bei der Explosion der Supernova in alle Richtungen des Raums abgestrahlt wurden. Diese Tatsache bezogen die Astrophysiker in ihr Kalkül mit ein. Sie gehen nun davon aus, dass bei diesem Typ die Neutrinos der treibende Faktor sind.

Die Erkenntnisse, die man heute über Entstehung und Entwicklung von Supernovae hat, zählen mit zum Faszinierendsten, was es in der Wissenschaft gibt. Hier treffen alle Gebiete der Physik aufeinander: die klassische Physik ebenso wie Relativitätstheorie, Quantenmechanik, Elementarteilchenphysik und die Beschreibung extremer Zustände, was Temperatur, Dichte und Druck betrifft. Nichts ist hier mehr mit irdischen Maßstäben zu messen, und Phantasie und Wagemut der Physiker sind aufs Äußerste gefordert.

So kristallisierte sich in den letzten Jahren ein Modell heraus, das Hans-Thomas Janka das »faszinierende Drehbuch einer Supernova« nennt. Simulationsrechnungen auf dem Computer haben die Vorgänge nachvollzogen, bestätigt und auf dem Bildschirm sichtbar gemacht: Das Innere eines hoch entwickelten massereichen Sterns stürzt unter der Kraft der Gravitation in sich zusammen; es bildet sich ein Neutronenstern. Dabei entstehen Temperaturen um die hundert Milliarden Grad. In seinem Inneren, in einem Radius von nur etwa hundert Kilometern, heizen Neutrinos die Sternhülle auf.

Wenige Hundertstel Sekunden nach dem Kollaps des Sterns herrschen dort Verhältnisse wie in einem brodelnden Kochtopf: Heiße Materie steigt in Blasen von unten her auf, kühlere sinkt nach unten, das Ganze wabert wild durcheinander. Nun rast eine Feuerfront nach außen, deren Wirbel für eine rasche Durchmischung und für eine noch weitere Erhitzung der äußeren Schichten sorgt.

All dies sind Computerberechnungen – wohlgemerkt. Wie es wirklich im Inneren eines Neutronensterns zugeht, konnte man bisher nicht beobachten. Aber nun, so meinen Experten der NASA, könnten Bose-Einstein-Kondensate vielleicht als Westentaschen-Neutronensterne dienen. Auch Wolfgang Ketterle ist dieser Meinung: »Wenn sich die kondensierten Atome in einem BEC untereinander anziehen, kann das gesamte Kondensat in sich zusammenstürzen. Manche haben kürzlich vorhergesagt, dass die Physik dabei die gleiche ist wie in einem kollabierenden Neutronenstern. So könnte dies vielleicht ein Weg sein, einen winzigen Neutronenstern in einer kleinen Vakuumkammer zu erzeugen.«

Klein, in sich zusammenstürzend und zahm – das klingt weit hergeholt, aber inzwischen üben Forscher bereits, wie man BECs in echten Experimenten zum Einsturz bringt, in der schwächsten Explosion, die man sich nur vorstellen kann.

Wieder einmal spielten die Physiker an der Universität von Colorado Vorreiter: Carl Wieman und seine Kollegen schafften es, ein Bose-Einstein-Kondensat in einer magnetischen Falle durch Änderungen im Magnetfeld so zu manipulieren, dass sich die Atome gegenseitig anziehen oder abstoßen. Im Jahr 2001 versuchten sie beides: Erst erzeugten sie ein sich selbst abstoßendes Atomwölkchen. Wie erwartet dehnte es sich allmählich aus. Anschließend versuchten sie das Gegenteil: ein BEC, dessen Atome sich gegenseitig anziehen. Es begann zu schrumpfen – wieder wie erwartet –, aber dann geschah etwas völlig Unerwartetes: Es explodierte!

Viele der superkalten Atome rasten innerhalb weniger Tausendstel Sekunden nach außen, manche in kugelförmigen Schalen, andere als eng gebündelte Strahlen. Ein Teil des ausgestoßenen Materials verschwand völlig – ein noch ungeklärtes Geheimnis. Zurzeit sind zwei Vermutungen über das Schicksal der verlorenen Teilchen im Gespräch: Entweder sie wurden bei der Explosion so stark beschleunigt, dass sie die Falle unbeobachtet verlassen konnten, oder sie haben sich zu Molekülen zusammengeballt, und diese können die derzeitigen Messgeräte nicht erkennen.

Das Überraschendste an der ganzen Sache ist, dass die Physiker bisher noch nicht verstehen, welchen physikalischen Grundgesetzen ihre Explosion folgt. »Wir dachten bisher, praktisch das gesamte Verhalten von einzelnen Atomen und Bose-Einstein-Kondensaten sei gut verstanden und könnte durch theoretische Berechnungen genau vorhergesagt werden«, meint Carl Wieman erstaunt, »aber in dieser Situation sagen die Berechnungen etwas völlig anderes voraus als das, was wir beobachtet haben. Also muss der grundlegende Vorgang etwas ganz Neues oder anderes sein, als man vermutet.«

Der Rest der Atome, der nicht weggesprengt wurde, blieb als kleiner kalter Kern an der Stelle zurück, an der ursprünglich das Kondensat war, umgeben vom übrigen Gas. Für einen Astrophysiker klingt das sehr nach einer Supernova-Explosion. Und in der Tat tauften Wieman und seine Mitautoren das Phänomen »Bosenova«. Die Maßstäbe sind jedoch bescheiden: Die Mini-Explosion hatte die Temperatur des Wölkchens gerade mal um 200 Milliardstel Kelvin erhöht. Eine echte Supernova wäre 10^{75} Mal so stark. »Aber man muss ja mal klein anfangen«, meinen die NASA-Leute lakonisch. Und sie spekulieren gleich weiter: »Wenn es den Forschern gelingt, Mini-Neutronensterne zu basteln, könnte es sein, dass sie auch bald lernen, wie man weiße Zwerge oder Schwarze Löcher herstellt. Diese Mikrosterne bilden aber keine Gefahr für

die Erdlinge. Sie sind einfach zu klein, und ihre Schwerkraft wäre zu schwach, um Dinge zu verschlingen, die
ihnen zu nahe kommen.« Aber derartige Haustierchen
könnten unter Physikern und Astronomen recht populär
werden.

Literatur

Kapitel 1

Johann Wolfgang von Goethe: ›Materialien zur Geschichte der Farbenlehre‹, Naturwissenschaftliche Schriften, Zweiter Teil, dtv 1998, Seite 142 ff.

Richard K. Gehrenbeck: »›Lucky breaks‹ and Second Honeymoons«, in ›Physics Today‹, 31 (1), 34–41 (1978).

Richard P. Feynman, Robert B. Leighton, Matthew Sands: ›Feynman Vorlesungen über Physik‹, Band III, Quantenmechanik, R. Oldenbourg Verlag 1988.

John Archibald Wheeler: ›Geons, Black Holes and Quantum Foam: A Life in Physics‹, W.W. Norton & Company, New York 1998.

Anton Zeilinger: »Von Einstein zum Quantencomputer«, in ›Neue Zürcher Zeitung‹, 30.3.1999, Seite 72.

Kapitel 2

Jürgen Audretsch (Hg.): ›Verschränkte Welt. Faszination der Quanten‹, Willey-VHC, Weinheim, 2002.

Enrico Bellone (Hg.): »Einstein. Das neue Weltbild der Physik«, in ›Spektrum der Wissenschaft Biografie‹, 4/1999, Weinheim 1999.

John Gribbin: ›Auf der Suche nach Schrödingers Katze‹, Piper, München, 1987.

Anne Hardy, in ›Entdeckung des Zufalls‹, Broschüre zum Jahr der Physik, BMBF (Hg.), Bonn 2000.

Carsten Held: ›Die Bohr-Einstein-Debatte. Quantenmechanik und physikalische Wirklichkeit‹, Mentis, Paderborn 1999.

Armin Hermann: ›Einstein. Der Weltweise und sein Jahrhundert‹, Piper, München 1994.

Paul Kwiat, Harald Weinfurter, Anton Zeilinger: »Wechselwirkungsfreie Quantenmessung«, in ›Spektrum der Wissenschaft‹, 1/1997, S. 42.

Anton Zeilinger: »Quanten-Teleportation«, in ›Spektrum der Wissenschaft Dossier‹ 1/2003, »Vom Quant zum Kosmos«, Weinheim 2003.

Kapitel 3

Simon Singh: ›Geheime Botschaften‹, dtv, München 2001.

Rudolf Kippenhahn: ›Verschlüsselte Botschaften‹, Rowohlt, Reinbek bei Hamburg, 1999.

Nicolas Gisin et al.: ›Quantum cryptography‹, Group of Applied Physics, Lehrveranstaltung der Universität Genf, Dezember 2001.

Kapitel 4

David Deutsch: ›Die Physik der Welterkenntnis‹, dtv, München 2000.

Neil Gershenfeld: »A Quantum Conversation«, in ›Science‹, Vol. 293, 14. September 2001.

C. Kurtsiefer et al.: »A Stepp towards global key distribution«, in ›Nature‹, Vol. 419, 3. Oktober 2002.

Kapitel 5

E. A. Cornell, J. R. Ensher und C. E. Wieman: »Experiments in Dilute Atomic Bose-Einstein Condensation«, in ›Proceedings of the International School of Physics‹, »Enrico Fermi«, Course CXL, 1999, S. 15–66.

A. Griffin: »A Brief History of Our Understanding of BEC: From Bose to Beliaev«, in ›Proceedings of the International School of Physics‹, »Enrico Fermi«, Course CXL, 1999, S. 1–13.

W. Ketterle, D. S. Durfee und D. M. Stamper-Kurn: »Making, Probing and Understanding Bose-Einstein-Condensates«, in ›Proceedings of the International School of Physics‹, »Enrico Fermi«, Course CXL, 1999, S. 67–176.

D. Kleppner et al.: »Bose-Einstein Condensation of Atomic Hydrogen«, in ›Proceedings of the International School of Physics‹, »Enrico Fermi«, Course CXL, 1999, S. 177–199.

Ch. Monroe, E. Cornell und C. Wieman: »The Low (Temperature) Road toward Bose-Einstein Condensation in Optically and Magnetically Trapped Cesium Atoms«, in ›Proceedings of the International School of Physics‹, »Enrico Fermi«, Course CXVIII, 1992, S. 361–377.

Register

226

Naturwissenschaft im dtv

Thomas Bührke, Andreas Loos
Das verschwundene Genie
Rätselfragen zu Persönlichkeiten aus Naturwissenschaft und Technik
ISBN 3-423-33072-4

William H. Calvin
Der Strom, der bergauf fließt
Eine Reise durch die Chaos-Theorie
ISBN 3-423-36077-1

Einsicht ins Gehirn
Wie Denken und Sprache entstehen
ISBN 3-423-33060-0

Marcus Chown
Die Suche nach dem Ursprung der Atome
Wie und von wem das Universum entziffert wurde
ISBN 3-423-24323-6

Paul Davies, John Gribbin
Auf dem Weg zur Weltformel
Superstrings, Chaos, Komplexität
ISBN 3-423-33076-7

Keith Devlin
Das Mathe-Gen
oder Wie sich das mathematische Denken entwickelt
ISBN 3-423-34008-8

David Deutsch
Die Physik der Welterkenntnis
Auf dem Weg zum universellen Verstehen
ISBN 3-423-33051-1

Hoimar von Ditfurt
Im Anfang war der Wasserstoff
ISBN 3-423-33015-5

Karl Grammer
Signale der Liebe
Die biologischen Gesetze der Partnerschaft
ISBN 3-423-33026-0

Stephen Hawking
Das Universum in der Nußschale
ISBN 3-423-33090-2

Helmut Hornung
Astronomische Streiflichter
Sternbilder, Gestirne und ihre Geschichten
ISBN 3-423-33059-7

Schwarze Löcher und Kometen
ISBN 3-423-33043-3

Lawrence M. Krauss
»Nehmen wir an, die Kuh ist eine Kugel ...«
Nur keine Angst vor Physik
ISBN 3-423-33024-4

Peretz Lavie
Die wundersame Welt des Schlafes
Entdeckungen, Träume, Phänomene
ISBN 3-423-33048-1

Bitte besuchen Sie uns im Internet: www.dtv.de

Naturwissenschaft im dtv

Bitte besuchen Sie uns im Internet: www.dtv.de

Der Bestseller-Autor hat mit diesem Buch wieder neue Maßstäbe gesetzt

Stephen Hawking
Das Universum in der Nußschale
Taschenbuchausgabe auf der Grundlage der
erweiterten Neuausgabe

ISBN 3-423-33090-2

Die Suche nach der Formel, die das Universum erklärt, ist der heilige Gral der Physik. Die brillantesten Köpfe der Kosmologie befassen sich mit dieser Frage. Zu ihnen gehört unzweifelhaft Stephen Hawking.

Der Autor des internationalen Bestsellers ›Eine kurze Geschichte der Zeit‹ hat erneut einen Welterfolg publiziert. In der für ihn typischen witzigen und bilderreichen Sprache und mittels über zweihundert prächtiger Farbillustrationen führt er den Leser in das surreale Wunderland der modernen Raumzeit-Forschung.

»Das Verhalten des ungeheuer großen Universums läßt sich durch seine Geschichte in imaginärer Zeit verstehen, die eine winzige abgeflachte Kugel ist. Insofern hat es große Ähnlichkeit mit Hamlets Nußschale, und in dieser Nuß ist alles verschlüsselt, was in reeller Zeit geschieht. Hamlet hat also vollkommen recht. Wir können in einer Nußschale eingesperrt sein und uns doch für Könige von unermeßlichem Gebiet halten.«
Stephen Hawking

Bitte besuchen Sie uns im Internet: www.dtv.de

Naturwissenschaftliche Einführungen
im dtv

Herausgegeben von Olaf Benzinger

Brigitte Röthlein
Das Innerste der Dinge
Einführung in die Atomphysik
ISBN 3-423-33032-5

Josef H. Reichholf
Der blaue Planet
Einführung in die Ökologie
ISBN 3-423-33033-3

Stefan Greschik
Das Chaos und seine Ordnung
Einführung in komplexe
Systeme
ISBN 3-423-33034-1

Frank Grotelüschen
Der Klang der Superstrings
Einführung in die Natur der
Elementarteilchen
ISBN 3-423-33035-X

Wolfgang Blum
Die Grammatik der Logik
Einführung in die Mathematik
ISBN 3-423-33037-6

Brigitte Röthlein
Schrödingers Katze
Einführung in die Quanten-
physik
ISBN 3-423-33038-4

Monika Offenberger
Von Nautilus und Sapiens
Einführung in die Evolutions-
theorie
ISBN 3-423-33039-2

Uta Bilow
Auf der Spur der Elemente
Einführung in die Chemie
ISBN 3-423-33040-6

Thomas Bührke
$E = mc^2$
Einführung in die Relativitäts-
theorie
ISBN 3-423-33041-4

Helmut Hornung
**Schwarze Löcher und
Kometen**
Einführung in die Astronomie
ISBN 3-423-33043-0

Claudia Eberhard-Metzger
Das Molekül des Lebens
Einführung in die Genetik
2., vollständig überarbeitete
Auflage
ISBN 3-423-33089-9

Bitte besuchen Sie uns im Internet: www.dtv.de

dtv-Atlanten

informativ, zuverlässig, handlich und preisgünstig

dtv-Atlas Akupunktur
von C.-H. Hempen
ISBN 3-423-03232-4

dtv-Atlas Anatomie
von W. Kahle, H. Leonhardt
und W. Platzer
3 Bände · dtv/Thieme
Band 1: ISBN 3-423-03017-8
Band 2: ISBN 3-423-03018-6
Band 3: ISBN 3-423-03019-4

dtv-Atlas Astronomie
von J. Herrmann
Mit Sternatlas
ISBN 3-423-03006-2

dtv-Atlas Atomphysik
von B. Bröcker
ISBN 3-423-03009-7

dtv-Atlas Baukunst
von W. Müller und
G. Vogel
2 Bände
Band 1: ISBN 3-423-03020-8
Band 2: ISBN 3-423-03021-6

dtv-Atlas Biologie
von G. Vogel und
H. Angermann
3 Bände
Band 1: ISBN 3-423-03221-9
Band 2: ISBN 3-423-03222-7
Band 3: ISBN 3-423-03223-5

dtv-Atlas Chemie
von H. Breuer
2 Bände
Band 1: ISBN 3-423-03217-0
Band 2: ISBN 3-423-03218-9

dtv-Atlas Deutsche Literatur
von H. D. Schlosser
ISBN 3-423-03219-7

dtv-Atlas Deutsche Sprache
von W. König
ISBN 3-423-03025-9

dtv-Atlas Englische Sprache
von W. Viereck, K. Viereck
und H. Ramisch
ISBN 3-423-03239-1

dtv-Atlas Ernährung
von G. Hauber-Schwenk und
M. Schwenk
ISBN 3-423-03237-5

dtv-Atlas Erste Hilfe
von H. Karutz und
M. von Buttlar
ISBN 3-423-03238-3

dtv-Atlas Informatik
von H. Breuer
ISBN 3-423-03230-8

dtv-Atlas Keramik und Porzellan
von S. Frotscher
ISBN 3-423-03258-8

Bitte besuchen Sie uns im Internet: www.dtv.de

dtv-Atlanten

dtv-Atlas Mathematik
von F. Reinhardt und H. Soeder
2 Bände
Band 1: ISBN 3-423-03007-0
Band 2: ISBN 3-423-03008-9

dtv-Atlas Musik
von U. Michels
2 Bände
Band 1: ISBN 3-423-03022-4
Band 2: ISBN 3-423-03023-2

dtv-Atlas Ökologie
von D. Heinrich und M. Hergt
ISBN 3-423-03228-6

dtv-Atlas Pathophysiologie
von S. Silbernagl und F. Lang
ISBN 3-423-03236-7

dtv-Atlas Philosophie
von P. Kunzmann, F.-P.
Burkard und F. Wiedmann
ISBN 3-423-03229-4

dtv-Atlas Physik
von H. Breuer
2 Bände
Band 1: ISBN 3-423-03226-X
Band 2: ISBN 3-423-03227-8

dtv-Atlas Physiologie
von S. Silbernagl und
A. Despopoulos
dtv/Thieme
ISBN 3-423-03182-4

dtv-Atlas Psychologie
von H. Benesch
2 Bände
Band 1: ISBN 3-4233-03224-3
Band 2: ISBN 3-423-03225-1

dtv-Atlas Schulmathematik
von F. Reinhardt
ISBN 3-423-03099-2

dtv-Atlas Stadt
von J. Hotzan
ISBN 3-423-03231-6

dtv-Atlas Weltgeschichte
von W. Hilgemann
und H. Kinder
2 Bände
Band 1: ISBN 3-423-03001-1
Band 2: ISBN 3-423-03002-X

Bitte besuchen Sie uns im Internet: www.dtv.de